高等职业学校电类专业

电工基础（第三版）习题册

朱　强　主编

中国劳动社会保障出版社

简　介

本习题册为高等职业学校电类专业教材《电工基础》（第三版）的配套用书。本习题册按照教材模块顺序编写，内容紧扣教学要求，知识点分布均衡，题型丰富多样，习题难易适中，有助于学生复习巩固所学知识。

本习题册由朱强主编，彭聪、张鑫参加编写，肖俊主审。

图书在版编目（CIP）数据

电工基础（第三版）习题册 / 朱强主编. --北京：中国劳动社会保障出版社，2024. --（高等职业学校电类专业）. --ISBN 978-7-5167-6685-9

Ⅰ. TM1-44

中国国家版本馆 CIP 数据核字第 20241SK339 号

中国劳动社会保障出版社出版发行

（北京市惠新东街 1 号　邮政编码：100029）

*

北京市鑫霸印务有限公司印刷装订　新华书店经销

787 毫米×1092 毫米　16 开本　7.25 印张　159 千字

2024 年 10 月第 1 版　2025 年 8 月第 2 次印刷

定价：15.00 元

营销中心电话：400-606-6496

出版社网址：https://www.class.com.cn

https://jg.class.com.cn

目录

模块一　直流电路

课题一　电路及电路中的物理量

任务1　连接直流照明电路

一、填空题

1. 电路主要用于电能的__________、________和________。另外，电路还可以实现电信号的__________和________。

2. 为了方便直观地描述电路，通常采用国家统一规定的__________和____________来表示电路元件。

二、选择题

1. 电路通常由（　　）部分组成。

A. 2　　B. 3　　C. 4　　D. 5

2. 下列选项中，属于负载的是（　　）。

A. 开关　　B. 发电机　　C. 熔断器　　D. 电动机

3. 用（　　）描述电路连接情况的图称为电路原理图。

A. 图形符号　　B. 实物轮廓　　C. 文字符号　　D. 图片

三、简答题

一个完整的电路由哪几部分组成？各部分的作用分别是什么？

四、填表题

补全表 1-1 中常用电气元器件的名称、图形符号和文字符号。

表 1-1　　常用电气元器件的图形符号和文字符号

名称	图形符号	文字符号	名称	图形符号	文字符号
开关			灯泡		
单刀双掷开关				A	
				V	
电阻器			电压源		
		RP	连接导线		
		C	不连接导线		
电感器					
铁芯线圈					

五、绘图题

根据图 1-1 所示的电路实物接线图绘制电路原理图。

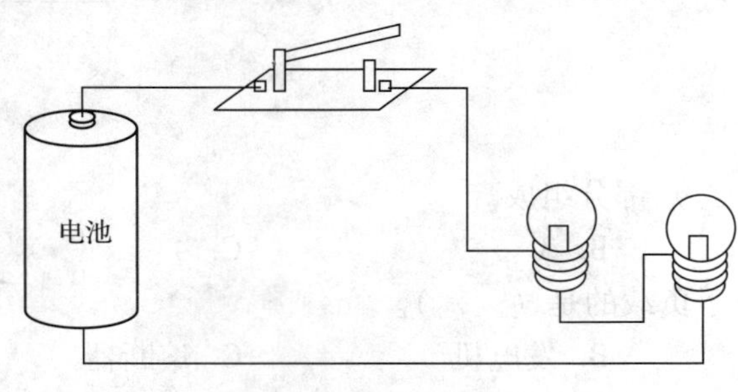

图 1-1

任务2　使用电流表测量电流

一、填空题

1. ________的定向移动形成电流。为统一起见，规定以______电荷移动的方向为电流的正方向。

2. 电流的大小定义为在________内通过导体横截面电荷量的多少。

3. 根据电流随时间的变化情况，电流可分为________和________两大类。凡大小和方向都不随时间变化的电流称为________，符号是DC；凡大小和方向都随时间变化的电流称为________，符号是______。

4. 电流表按显示方式可以分为________电流表和________电流表，按测量电流的性质可以分为________电流表和________电流表，按使用方式可以分为______电流表和______电流表。

5. 电流表必须________到被测量的电路中。

二、判断题

1. 金属导体中的电流是由电子流形成的，故电子的移动方向就是电流的正方向。（　　）

2. 电流常用单位A、mA和μA之间的换算关系为1 A=1 000 mA，1 mA=1 000 μA。（　　）

3. 双控开关的工作位置只有两个，总是接通一侧的电路。（　　）

4. 电流表内阻很小，不允许直接连在电源两端，以免造成电源短路。（　　）

三、选择题

1. 单位时间内通过导体横截面的电荷量越大，电流就（　　）。

A. 越大　　B. 越小　　C. 为零　　D. 不确定

2. 直流电流表表壳接线柱上有表明极性的记号，使用时应让电流从代表正极的一端（　　）；否则，指针要反转。

A. 流入电流表　　B. 流出电流表　　C. 流入或流出电流表　　D. 不确定

四、简答题

1. 如何合理选择电流表的量程？

2. 用指针式电流表测量电路电流时应如何准确地读数？

3. 电流表不经任何负载而直接连接到电源的两端有什么危害？

任务3　使用电压表测量电动势、电压及电位

一、填空题

1. 电源____________的能力称为电动势，电动势的符号为______，单位为________。

2. 电压的单位是________，简称________，用符号________表示。

3. 电场力移动单位正电荷从 A 点到 B 点所做的功称为 A、B 两点间的________，也称为________，用______表示。

4. 电路中某点的电位与____________的选择有关，两点间的电位差与参考点的选择________。

5. 电压表按显示方式可以分为__________电压表和__________电压表，按测量电压的性质可以分为__________电压表和__________电压表，按使用方式可以分为________电压表和________电压表。

6. 如果在电路中任选一个点，并令它的电位为______，则电路中某一点的电位就等于______________________。

7. 电动势的方向规定为在电源内部，由______极指向______极，即由______电位指向______电位。

二、判断题

1. 由于电压是衡量电场力做功本领大小的物理量，故电压只有大小，没有方向。（　　）

2. 电压是一个相对量。（　　）

3. 电位实际上也是电压，只不过是对参考点的电压。 ( )

4. 电压、电位和电动势的单位是相同的，都是伏。 ( )

5. 电路中的参考点就是零电位点。 ( )

6. 一般规定：高于参考点的电位为正值，低于参考点的电位为负值。 ( )

7. 电路中的等电位点完全可以连接成一个点。 ( )

8. 电位不随参考点的变化而变化。 ( )

9. 对于一个理想电源来说，它的内部既有电动势又有电压。 ( )

10. 测量电压时应正确选择电压表的量程，使指针偏转在一半以上以获得准确读数。 ( )

三、选择题

1. 下列说法正确的是（ ）。

A. 电压是绝对量，电位是相对量 B. 电压是相对量，电位是绝对量

C. 电压和电位都是相对量 D. 电压和电位都是绝对量

2. 电路中的两个等电位点之间（ ）。

A. 一定会有电流通过 B. 不一定会有电流通过

C. 会有电压产生 D. 不会有电流通过

四、简答题

1. 电压、电位、电动势这三个物理量中，哪些与参考点的选择有关？哪些与参考点的选择无关？

2. 测量电池的电动势时，电池的正、负极和电压表的两个接线柱应如何连接？

五、计算题

1. 在图 1-2 所示电路中，当选 c 点为参考点时，$U_a=-6$ V，$U_b=-3$ V，$U_d=-2$ V，$U_e=-4$ V，则 U_{ab}、U_{cd} 各等于多少？

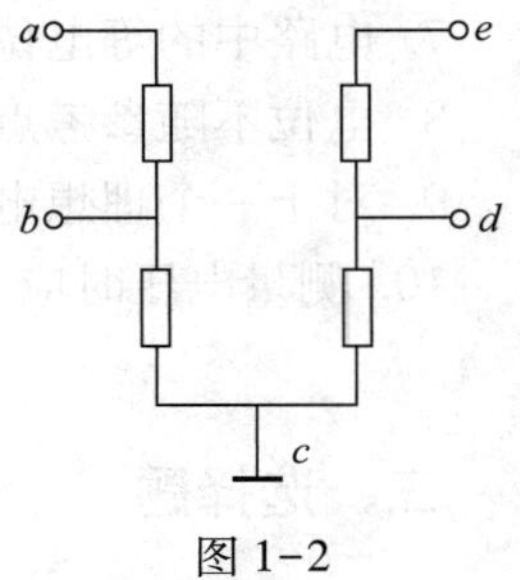

图 1-2

2. 电子技术中常用的晶体三极管有三个电极，分别为集电极 C、基极 B 和发射极 E，如图 1-3 所示。若已知各极电位分别是 $U_C=12$ V，$U_B=6.7$ V，$U_E=6$ V。求各极之间的电压 U_{CE}、U_{BC}、U_{BE}。

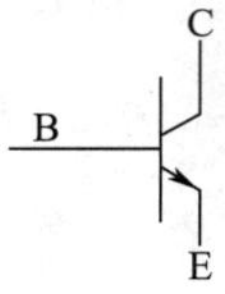

图 1-3

任务4 使用万用表测量电阻、电流及电压

一、填空题

1. 导体对电流的________作用称为电阻。

2. 导体的电阻与导体长度成__________，与导体横截面积成__________，还与导体的____________有关，这一规律称为电阻定律。电阻定律的数学表达式为 ____________。

3. 电阻率的大小反映了物质的________能力。电阻率小表示物质的____________，电阻率大表示物质的____________。

4. 物质按照其导电能力可分为________、________、________和________四大类。

5. 通常情况下，金属的电阻都是随温度的升高而________，半导体和电解液的电阻则是随温度的升高而________。而锰铜和康铜的电阻一般______________________，所以常用来制造__________。

6. 导体的电阻率一般为____________左右，绝缘体的电阻率一般在______________范围内，半导体的电阻率在________________范围内。

7. 万用表是一种多用途、多量程的电工测量仪表，常用的万用表按显示方式可以分为__________万用表和__________万用表两大类。

二、判断题

1. 制造标准电阻一般都采用电阻不随温度变化的锰铜丝或康铜丝。 (　　)

2. 导体两端的电压越高，其电阻越大。 (　　)

3. 金属导体的电阻随温度升高而减小。 (　　)

4. 导体的电阻是固定不变的。 (　　)

5. 电阻两端电压为 10 V 时，其电阻为 10 Ω；当两端电压升至 20 V 时，其电阻将变为 20 Ω。 (　　)

6. 导体的长度和横截面积都增大一倍，其电阻也增大一倍。 (　　)

7. 用万用表测量电压时显示值为负，这说明黑表笔测量点的电位比红表笔测量点的电位要高。 (　　)

三、选择题

1. 下列关于导体电阻的说法错误的是（　　）。

A. 与导体材料有关　　B. 与导体长度有关

C. 与导体横截面积有关　　D. 与环境温度无关

2. 一根导线的电阻为 R，若将其从中间对折合并成一根新导线，其阻值为（　　）。

A. R　　B. $R/2$　　C. $R/4$　　D. $R/8$

3. 导体的电阻有可能随着（　　）而变化。

A. 两端电压的变化　　　　B. 通过电流的变化

C. 温度的变化　　　　D. 两端所加电动势的变化

四、简答题

1. 为什么灯泡的灯丝在开灯的瞬间容易烧断，而在正常发光后不容易烧断？

2. 某同学把万用表拨到直流电流 200 mA 挡进行电流测量，结果万用表显示数字“1”，这是为什么？

3. 测量电压时，某同学把万用表拨到直流电压 200 V 挡，结果万用表读数为负值，这是为什么？

五、计算题

一根铜导线的长度 $l=2$ km，横截面积 $S=2$ mm^2，则导线的电阻是多少？若将它截成等长的两段，每一段的电阻是多少？若将它拉长为原来的两倍，电阻又将是多少？（铜的电阻率 $\rho=1.7\times10^{-8}$ $\Omega\cdot$m）

课题二　欧姆定律

任务1　探究部分电路欧姆定律

一、填空题

1. 只含有________而不包含________的一段电路称为部分电路。

2. 电路中电流值前面的负号表示电流实际方向与设定的参考方向________。

3. 在__________一定的条件下，通过电阻的电流随电压而变化的关系曲线称为电阻的____________。电流随电压呈线性变化的电阻称为__________电阻。电流随电压呈非线性变化的电阻称为__________电阻。

4. 两个电阻的伏安特性如图 1-4 所示，则 R_a 比 R_b________（大、小），R_a =________，R_b =________。

5. 如图 1-5 所示，在 U=0.5 V 处，R_1____R_2（>、=、<），其中 R1 是__________电阻，R2 是__________电阻。

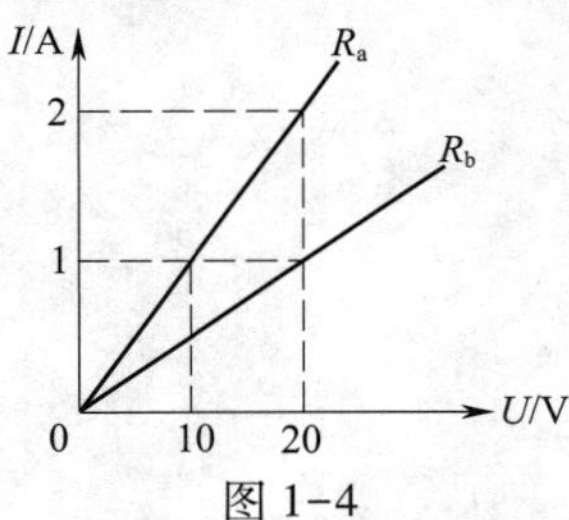

图 1-4

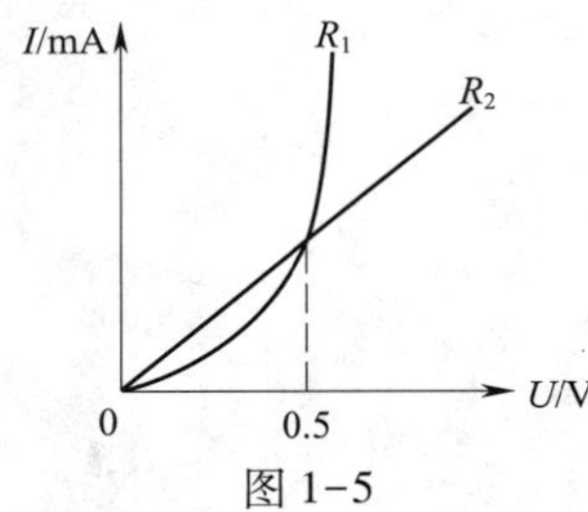

图 1-5

二、判断题

1. 线性电阻的阻值是一个常数，不随外加电压变化而改变。（　）

2. 电子技术中常见的二极管和三极管都属于非线性电阻元件。（　）

3. 图 1-6 所示为三个电阻 R1、R2、R3 的伏安特性曲线。这三个电阻的大小关系是 $R_1<R_2<R_3$。（　）

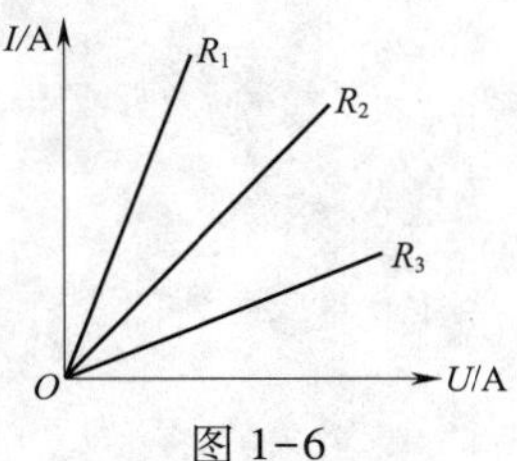

图 1-6

三、计算题

1. 已知电炉丝的电阻是 44 Ω，通过的电流是 5 A，则电炉所加的电压是多少？

2. 在研究流过电阻的电流与电阻两端电压关系的实验中，某同学发现：当电压表示数为 5 V 时，电流表示数为 0. 25 A，则这个导体的电阻为多大？若电压表示数为 6 V，则电流表示数会变为多少？

任务 2　探究全电路欧姆定律

一、填空题

1. 含有________的闭合电路称为全电路。__________的电路称为内电路。外电路是指__________的电路。

2. 全电路欧姆定律的内容是闭合电路中的电流与电源的电动势成______比，与电路的总电阻成______比，数学表达式为____________。

3. 当电源电动势 E 和内阻 r 一定时，输出电流 I 越大，端电压 U 越______。

4. 电源电动势 $E=4.5$ V，内阻 $r=0.5$ Ω，负载电阻 $R=4$ Ω，则电路中的电流 $I=$______A，端电压 $U=$______V。

5. 电源的电动势在数值上等于闭合电路中________________与________________的和。

6. 通常把通过__________的负载称为小负载，把通过__________的负载称为大负载。

二、判断题

1. 由欧姆定律 $R=\frac{U}{I}$ 可知，在一段导体上所加的电压越高，这段导体的电阻越大。

（　　）

2. 当电源的内阻为零时，电源电动势的大小就等于电源端电压。（　　）

3. 当电路开路时，电源电动势的大小为零。（　　）

4. 在通路状态下，负载电阻越大，端电压就越大。（　　）

5. 在短路状态下，外电路的电压降等于零。（　　）

6. 在电源电压一定的情况下，电阻大的负载是大负载。（　　）

三、选择题

1. 用电压表测得外电路端电压为 0，这说明（　　）。

A. 外电路断路　　B. 外电路短路

C. 外电路上电流比较小　　D. 电源的内阻为零

2. 电源电动势是 2 V，内阻是 0.1 Ω，当外电路断路时，电路中的电流和端电压分别是（　　）。

A. 0 A、2 V　　B. 20 A、2 V　　C. 20 A、0 V　　D. 0 A、0 V

3. 电源电动势是 2 V，内阻是 0.1 Ω，当外电路短路时，电路中的电流和端电压分别是（　　）。

A. 20 A、2 V　　B. 20 A、0 V　　C. 0 A、2 V　　D. 0 A、0 V

四、简答题

1. 将电路在三种状态下各物理量间的关系填入表 1-2 中。

表 1-2　电路在三种状态下各物理量间的关系

电路状态	负载电阻 R	电流 I	端电压 U
通路			
开路			
短路			

2. 根据 $R=\frac{U}{I}$，能否说“R 与 U 成正比，与 I 成反比”？当 $U=0$ 时，R 也等于零吗？为什么？

3. 一台半导体收音机，当音量较小时，声音很正常；当音量调大（即电流增大）时，声音明显出现异常（称为失真），请分析原因并提出解决办法。

五、计算题

1. 一只小灯泡正常发光的电流为0.5 A，灯丝的电阻为5 Ω，要测量灯泡两端的电压，电压表的量程应选择多少伏？（量程有2 V、20 V、200 V、1 000 V）

2. 有一只灯泡接在220 V的直流电源上，此时灯泡的电阻为484 Ω，求通过灯泡的电流。

3. 已知某电池的电动势$E=1.65$ V，在电池的两端接有一个阻值为5 Ω的电阻，测得电路中的电流$I=300$ mA，求电池的端电压U和内阻r。

4. 如图 1-7 所示，已知 $E=10\ V$，$r=0.1\ \Omega$，$R=9.9\ \Omega$。求开关 S 在不同位置时电流表和电压表的读数。

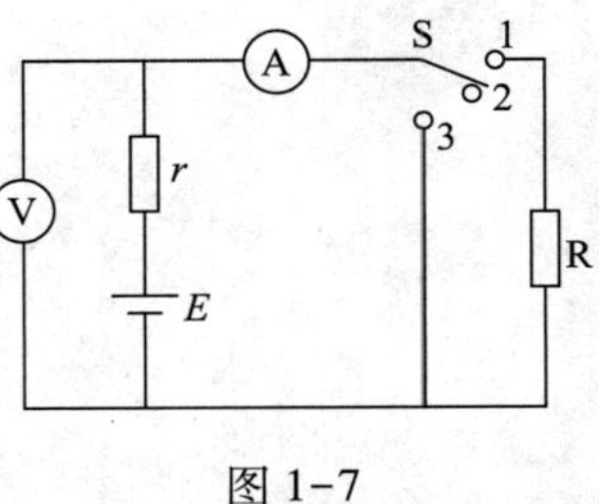

图 1-7

5. 某电源的外特性曲线如图 1-8 所示，求此电源的电动势 E 及内阻 r。

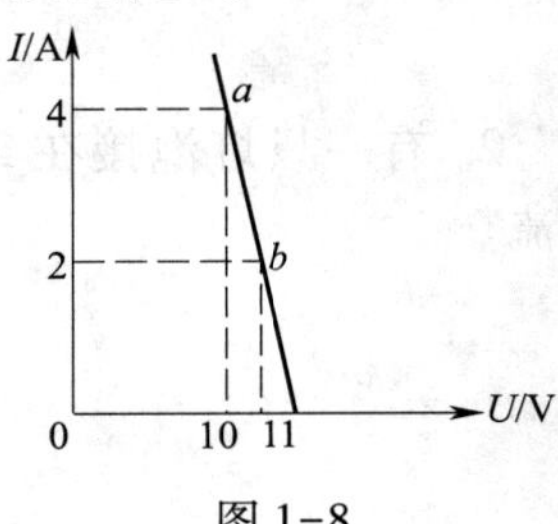

图 1-8

课题三　电功率和电功

任务1　探究影响灯泡亮度的因素

一、填空题

1. 电功率就是________时间内________所做的功，它表示电流做功的________。电功率的数值等于____________________，用字母________表示，单位是________。

2. 电流所做的功简称________，用字母________表示，单位是__________。

3. 电流通过导体时使导体发热的现象称为电流的____________。热量用字母______表示，单位是________。

4. 电流通过电阻时所产生的热量与____________成正比，与电阻________成正比，与______________成正比，这就是焦耳定律。其数学表达式为 $Q=$__________。

5. 某负载电阻为 20 Ω，通过负载的电流为 1 A，该负载在 10 h 内所消耗的电能是______度。

6. 一个“220 V/100 W”的灯泡，其额定电流为__________A，电阻 R 为 _______Ω。

7. 在 4 s 内供给 6 Ω 电阻的能量为 2 400 J，则该电阻两端的电压为__________V。

二、判断题

1. 电功用来表示负载在一段时间内所消耗电能的多少。（　　）

2. 电功率越大的电器在单位时间内所做的功越多。（　　）

3. 通过电阻的电流增大到原来的两倍时，它所消耗的功率也增大到原来的两倍。（　　）

4. 两个额定电压相同的电炉，电阻分别为 R_1 和 R_2，且 $R_1>R_2$，因为 $P=I^2R$，所以电阻大的电功率大。（　　）

三、选择题

1. 表示电流做功快慢的物理量是（　　）。

A. 电功　　B. 电功率　　C. 电压　　D. 电动势

2. 为使电炉上消耗的功率减小到原来的一半，正确的做法是（　　）。

A. 使电压加倍　　B. 使电压减半

C. 使电阻加倍　　D. 使电阻减半

3. 220 V 的照明用输电线，每根导线电阻为 1 Ω，通过电流为 10 A，则 10 min 内可产生热量（　　）J。

A. 1×10^4　　B. 6×10^4　　C. 6×10^3　　D. 1×10^3

4. 1 度电可供“220 V/40 W”的灯泡正常发光的时间是（　　）h。

A. 20　　B. 40　　C. 25　　D. 45

四、简答题

1. 已知教室用荧光灯的功率是 40 W，电视机的功率是 100 W。在教学中都使用 1 h，谁消耗的电能多？

2. 有人认为“工作电流大的电器电功率就大”，这种说法正确吗？试举例说明。

3. 灯泡有时会突然变暗，然后又逐渐恢复亮度，可能的原因是什么？

五、计算题

1. 某电吹风机的额定电压为 220 V，额定电功率为 1 000 W。当把它接到 110 V 电源上时，实际消耗的电功率是多少？

2. 将电阻为 1 210 Ω 的电烙铁接在 220 V 的电源上使用 2 h，可产生多少热量？

3. 某电阻上标有“100 Ω/5 W”的标记，该电阻在使用时允许通过的电流和两端电压分别不得超过多少？

4. 如图 1-9 所示，灯泡 HL1 的电阻为 5 Ω，HL2 的电阻为 4 Ω，S1 合上时灯泡 HL1 的电功率为 5 W，S1 断开、S2 合上时灯泡 HL2 的电功率为 5. 76 W，求 E 和 r。

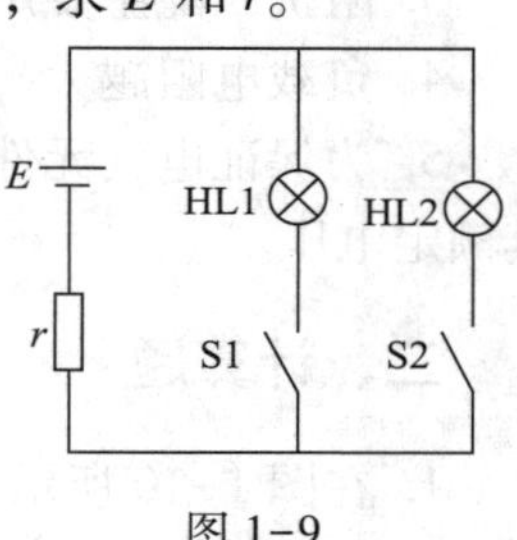

图 1-9

任务2　仿真验证最大功率传输条件

一、填空题

1. 电气设备在额定功率下的工作状态称为________工作状态，也称为________；低于额定功率的工作状态称为________；高于额定功率的工作状态称为________或________，一般不允许出现__________。

2. 把电气元件和电气设备长期安全工作时所允许的最大电流、电压和功率分别称为________________、________________和________________。

3. 使用时要尽量保证负载的实际电压等于____________，只有这样，负载消耗的实际功率才会等于____________功率，电气元件和电气设备也才能够________________。

4. 电源提供的总功率$P_{总}$分成__________________________和__________________________两部分，并且三者之间的关系为________________。

5. 阻抗匹配是指负载阻抗与电源内部阻抗________，得到________功率输出的一种工作状态。这时负载和电源内阻消耗的功率________，电源的效率等于______。

二、判断题

1. 负载在额定功率下的工作状态称为满载。（　　）

2. 电源发出的功率一定时，电源内阻上消耗的功率越大，负载上得到的功率就越大。（　　）

3. 阻抗匹配主要用于照明电路中。（　　）

4. 负载电阻越大，在电路中所获得的功率就越大。（　　）

5. 为保证电气元件和电气设备能够长期安全地工作，实际工作电压不应长时间超过其额定电压。（　　）

三、计算题

1. 在图1-10所示电路中，$E=220$ V，负载电阻$R=219$ Ω，电源内阻$r=1$ Ω。求：负载电阻消耗的功率$P_{负}$、电源内阻消耗的功率$P_{内}$及电源提供的功率P。

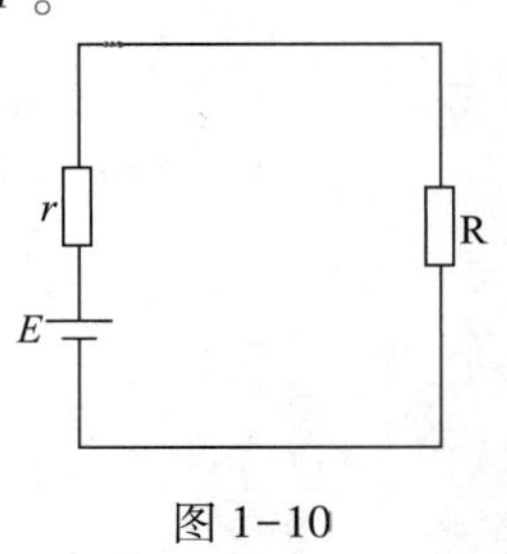

图1-10

2. 根据图 1-11 所示的铭牌数据，求该负载在额定工作状态下的电流值。

电热水壶的铭牌	
额定电压	220V
频率	50Hz
额定功率	880W
容积	2L

图 1-11

3. 在图 1-12 所示电路中，电源电动势 $E=20$ V，内阻 $r=1$ Ω，电阻 R1 的阻值为 4 Ω，要使电阻 R2 获得最大功率，其阻值应为多大？这时电阻 R2 获得的功率是多少？

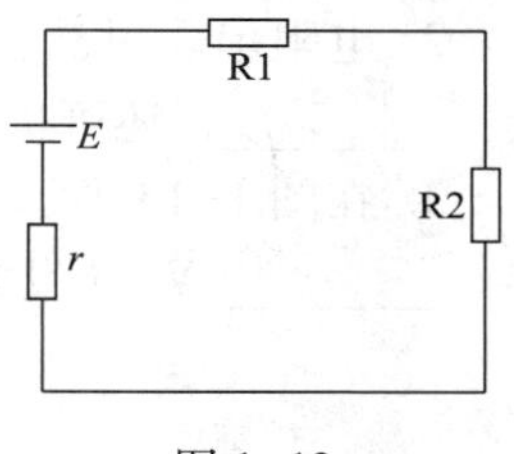

图 1-12

四、仿真实验题

用 EWB 软件仿真验证图 1-7 所示电路的工作情况，将仿真结果与计算结果相对照，写出详细的仿真实验步骤。

课题四　电阻的连接

任务1　测量分析电阻串联电路

一、填空题

1. 在电阻串联电路中，电流__________；电路的总电压与分电压的关系为____；电路的等效电阻与分电阻的关系为____________________________________。

2. 电阻串联可获得阻值__________的电阻，可限制和调节电路中__________，可构成__________，还可扩大电表测量________的量程。

3. 在图 1-13 所示电路中，$R_1=2R_2$，$R_2=2R_3$，R2 两端的电压为 10 V，则电源电动势 $E=$__________V。（设电源内阻为零）

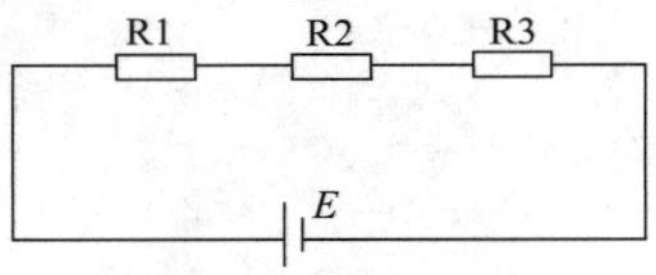

图 1-13

4. 两个电阻 R1 和 R2 串联，已知 $R_1=5\ \Omega$，$R_2=10\ \Omega$，电路电流 $I=2$ A，则 $U_1=$________，$U_2=$__________，总电压 $U=$__________；$P_1=$__________，$P_2=$__________，总功率 $P=$________。

5. 有两个电阻 R1 和 R2，已知 $R_1:R_2=1:2$，若它们在电路中串联，则两电阻上的电压比 $U_{R1}:U_{R2}=$__________，两电阻上的电流比 $I_{R1}:I_{R2}=$__________，它们消耗的功率之比 $P_{R1}:P_{R2}=$__________。

6. 在电阻串联电路中，阻值越大的电阻分得的电压越________，消耗的功率越________。

二、判断题

1. 随着串联电阻数量的增加，总电阻增大。（　　）
2. 串联电路的总电阻比所串联的每个电阻都大。（　　）
3. 在串联电路中，各电阻上的电压与电阻的阻值成反比。（　　）
4. 扩大电流表量程常采用串联电阻的方法来实现。（　　）

三、选择题

1. 下列不属于电阻串联电路特点的是（　　）。
   A. 串联电路各处电流相等
   B. 串联电路的总电阻为各串联电阻之和
   C. 串联电路两端的总电压等于各串联电阻两端的电压之和
   D. 串联电路中，各电阻上的电压与电阻大小成反比

2. 在电阻串联电路中，阻值越大的电阻（　　）越大。
   A. 通过的电流　　B. 分配的电压
   C. 得到的电荷　　D. 失去的电荷

3. 下列不属于电阻串联电路应用的是（　　）。
   A. 分压作用　　B. 限流作用
   C. 电压表扩量程　　D. 电流表扩量程

4. 一个 10 Ω 的电阻和一个 5 Ω 的电阻串联，通过的电流为 5 A，则串联电路的总电压为（　　）V。
   A. 3　　B. 25　　C. 50　　D. 75

5. 灯 A 的额定电压为 220 V，功率为 40 W；灯 B 的额定电压为 220 V，功率为 100 W。若把它们串联接到 220 V 电源上，则（　　）。
   A. 灯 A 较亮　　B. 灯 B 较亮　　C. 两灯一样亮　　D. 不确定

6. 标明“100 Ω/40 W”和“100 Ω/25 W”的两个电阻串联时，允许加的最大电压是（　　）V。
   A. 40　　B. 100　　C. 140　　D. 240

7. 在图 1-14 所示电路中，开关 S 闭合与打开时，电阻 R 上的电流之比为 3∶1，则 R 的阻值为（　　）Ω。
   A. 120　　B. 60　　C. 40　　D. 20

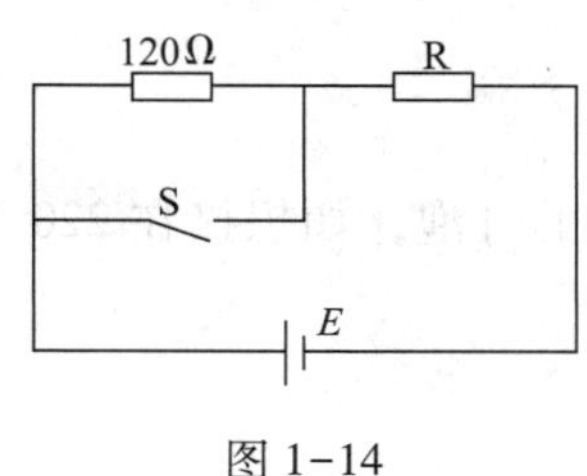

图 1-14

8. 将内阻为 9 kΩ、量程为 1 V 的电压表串联电阻后，量程扩大为 10 V，则串联电阻的阻值为（　　）kΩ。
   A. 1　　B. 90　　C. 81　　D. 99

四、简答题

1. 在三个灯串联的电路中，除 2 号灯不亮外，其他两个灯都亮。当把 2 号灯从灯座上取下后，剩下两个灯仍亮，则该电路中有什么故障？为什么？

2. 已知灯 A 的功率为 40 W，灯 B 的功率为 60 W，它们的额定电压都是 110 V，若将它们串联在 220 V 的电源上是否可以？为什么？

3. 现有 30 Ω、15 Ω 的电阻若干，怎样连接才能得到 45 Ω 和 60 Ω 的电阻？试画出电阻连接图。

五、计算题

1. 一个标有“60 W/110 V”的灯泡，如想接在 220 V 电源上使用，需要串联多大的分压电阻？

2. 三个电阻 $R_1=300\ \Omega$，$R_2=200\ \Omega$，$R_3=100\ \Omega$，串联后接到 $U=6$ V 的直流电源上。求：

（1）电路中的电流。

（2）各电阻上的电压降。

（3）各个电阻所消耗的功率。

3. 在图 1-15 所示电路中，$R_1=100\ \Omega$，$R_2=200\ \Omega$，$R_3=300\ \Omega$，输入电压 $U_i=12$ V，求输出电压 U_o 的变化范围。

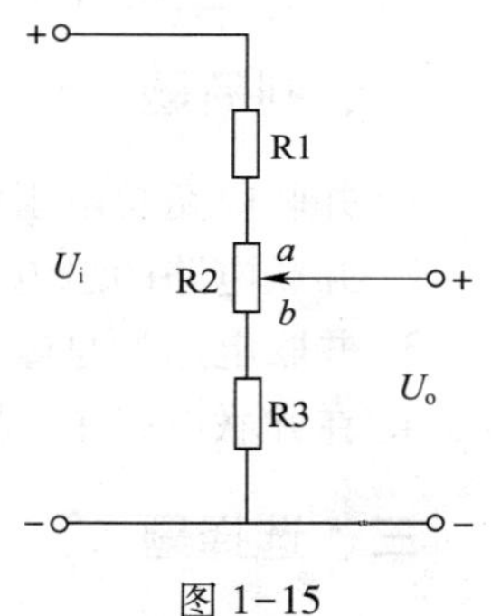

图 1-15

4. 有一块电流表，表头内阻 $r_g=5\ \text{k}\Omega$，满刻度电流（允许通过的最大电流）$I_g=50\ \mu\text{A}$，如欲改装成 50 V 的电压表，应串联多大的电阻？

任务2　测量分析电阻并联电路

一、填空题

1. 随着并联电阻数量的增加，总电阻________。

2. 有两个电阻，当把它们串联起来时总电阻是 10 Ω，当把它们并联起来时总电阻是 2.5 Ω，则这两个电阻的阻值分别是________和________。

3. 在电阻并联电路中，阻值越大的电阻通过的电流越____________，消耗的功率越__________。

4. 有两个电阻 R1 和 R2，已知 $R_1:R_2=1:2$，若它们在电路中并联，则两电阻上的电压比 $U_{R1}:U_{R2}=$__________，两电阻上的电流比 $I_{R1}:I_{R2}=$__________，它们消耗的功率之比 $P_{R1}:P_{R2}=$____________。

5. 电阻并联可获得阻值__________的电阻，还可以扩大电表测量__________的量程，______________相同的负载都采用并联的工作方式。

二、判断题

1. 并联电路总电阻的倒数等于各并联电阻之和。（　　）

2. 并联电路的总电阻一定比任何一个并联电阻的阻值都小。（　　）

3. 并联电路的总电流大于各并联支路的电流之和。（　　）

4. 在并联电路中，阻值越大的电阻所分配的电压越高。（　　）

三、选择题

1. 下列不属于电阻并联电路特点的是（　　）。

A. 总电阻等于各并联电阻之和

B. 总电流等于各支路电流之和

C. 各电阻两端的电压相等

D. 各支路上分配的电流与支路电阻的阻值成反比

2. 一个 3 Ω 的电阻和一个 6 Ω 的电阻并联，则总电阻为（　　）Ω。

A. 2　　B. 3　　C. 6　　D. 9

3. 已知 $R_1>R_2>R_3$，若将这三个电阻并联接在电压为 U 的电源上，通过电流最小的电阻将是（　　）。

A. R1　　B. R2　　C. R3　　D. 一样大

4. 标明“100 Ω/16 W”和“100 Ω/25 W”的两个电阻并联时，两端允许加的最大电压是（　　）V。

A. 40　　B. 50　　C. 90　　D. 100

5. 将图 1-16 所示电路中内阻 $r_g = 1\ k\Omega$、最大电流 $I_g = 100\ \mu A$ 的表头改为 1 mA 电流表，应并联的电阻 R 的阻值为（　　）Ω。

A. 100/9　　B. 90　　C. 99　　D. 1 000/9

6. 图 1-17 所示电路中，电阻 R 的阻值为（　　）Ω。

A. 1　　B. 5　　C. 7　　D. 6

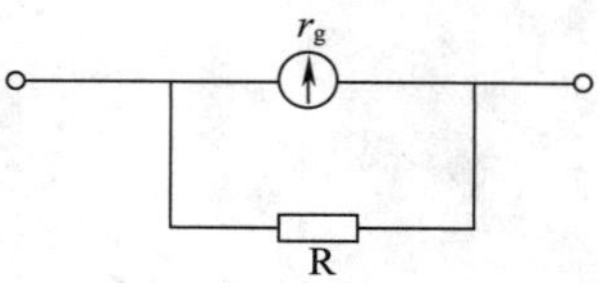

图 1-16

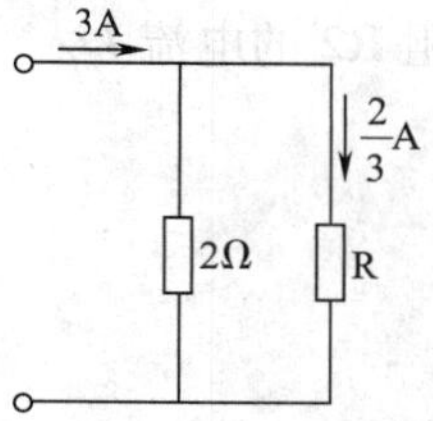

图 1-17

7. 利用电阻的并联可以扩大（　　）的量程。

A. 电流表　　B. 电压表　　C. 欧姆表　　D. 功率表

8. 在电阻并联电路中，各支路上分配的电流与支路的电阻值（　　）。

A. 无关　　B. 成正比　　C. 成反比　　D. 无法确定

四、简答题

1. 在三个灯并联的电路中，除 2 号灯不亮外，其他两个灯都亮。当把 2 号灯从灯座上取下后，剩下两个灯仍亮。该电路中存在什么故障？为什么？

2. 为什么日常生活中使用的家用电器都并联接在同一电源上？

五、计算题

1. 两个电阻 R1 和 R2 并联，已知 $R_1 = 200\ \Omega$，通过 R1 的电流 $I_1 = 0.2$ A，通过整个并联电路的电流 $I = 0.6$ A，求：

（1）电阻 R2 的阻值。

（2）通过电阻 R2 的电流 I_2。

2. 电路如图 1-18 所示，电流表 PA 的读数为 9 A，电流表 PA1 的读数为 3 A，$R_1 = 4\ \Omega$，$R_2 = 6\ \Omega$，求 A、B 两点间的等效电阻 R 是多少？电阻 R3 的阻值是多少？

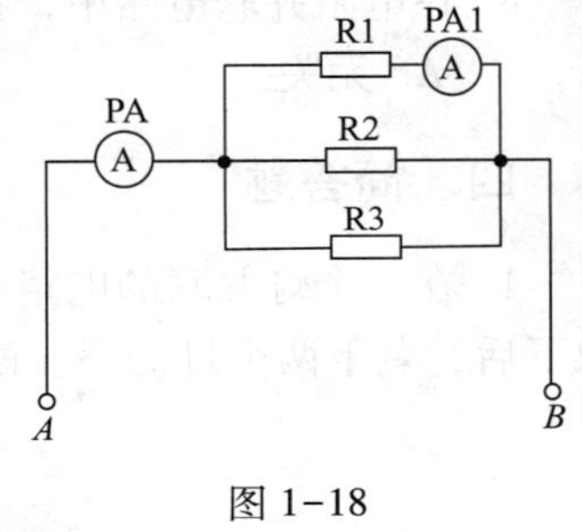

图 1-18

3. 在 220 V 电源上并联接入两个白炽灯，它们的功率分别为 100 W 和 40 W，则这两个灯从电源取用的总电流是多少？

4. 在图 1-19 所示电路中，电阻 $R_1 = R_2 = R_3 = 12\ \Omega$，求 A、B 两点间的等效电阻 R。

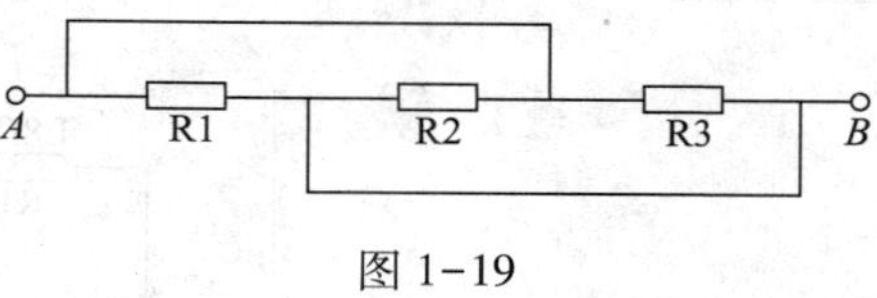

图 1-19

5. 现有一块量程为 5 mA、内阻为 1 kΩ 的电流表，根据生产需要，要将它的量程扩大到原来的 5 倍，应如何改造？

任务 3　测量分析电阻混联电路

一、填空题

1. 既有电阻的________，又有电阻的________的电路称为电阻的________电路。

2. 已知电阻 $R_1 = 2\ \Omega$，$R_2 = 3\ \Omega$，两者串联起来接在电压恒定的电源上，通过 R1、R2 的电流之比为__________，消耗的功率之比为__________。若将 R1、R2 并联起来接到同样的电源上，通过 R1、R2 的电流之比为__________，消耗的功率之比为____________。

3. 在图 1-20 所示电路中，流过 R2 的电流为 3 A，流过 R3 的电流为______A，这时 E 为________ V。

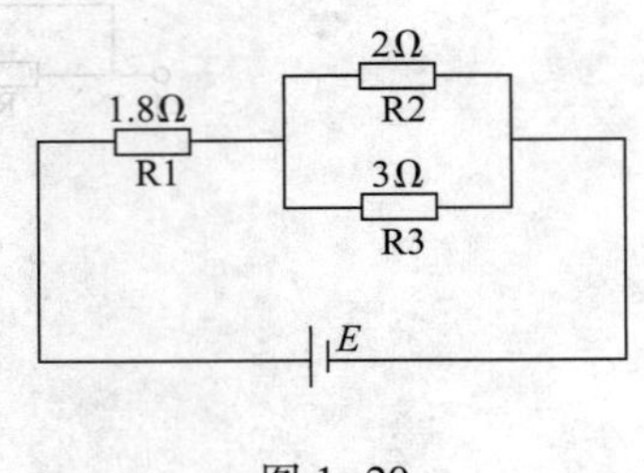

图 1-20

二、判断题

1. 计算简单电路的依据是欧姆定律和电阻串联、并联规律。 （　　）

2. 凡能用电阻的串联、并联等效化简的电路都是简单电路。 （　　）

三、选择题

1. 如图 1-21 所示，电源电动势 $E=30$ V，内阻不计，$R_1=10\ \Omega$　$R_2=R_3=40\ \Omega$，开关 S 闭合时，通过 R1 的电流是（　　）A。

A. 0.5　　B. 1　　C. 2　　D. 4

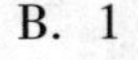

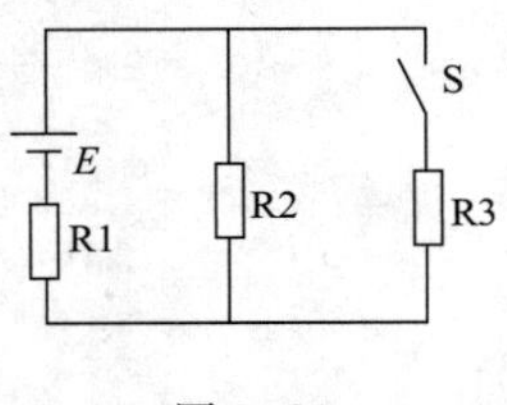

图 1-21

2. 在图 1-22 所示电路中，当开关 S 合上和断开时，左边两个白炽灯的亮度变化是（　　）。

A. 没有变化

B. S 合上时左边两灯亮些，S 断开时左边两灯暗些

C. S 合上时左边两灯暗些，S 断开时左边两灯亮些

D. 无法确定，因为各灯的电阻都不知道

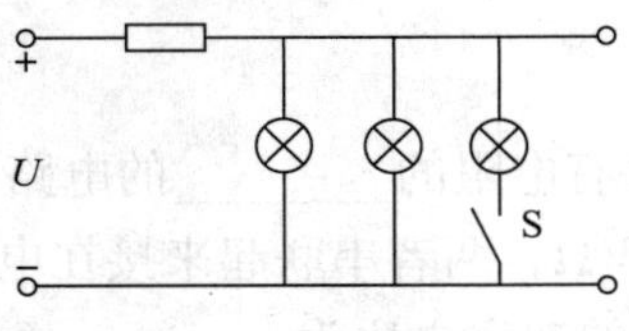

图 1-22

3. 在图 1-23 所示各电路中，电源电动势都是 12 V，四个额定功率相同的灯泡的工作电压都是 6 V，要使灯泡正常工作，接法正确的是（　　）。

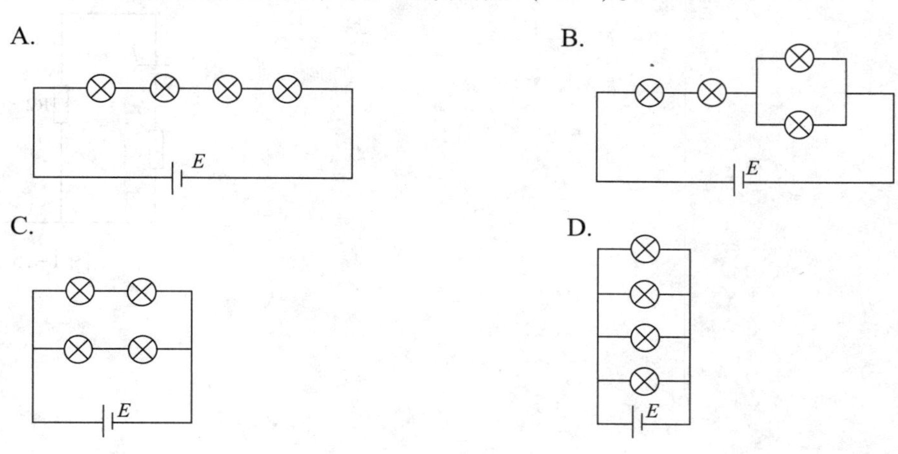

图 1-23

四、计算题

1. 在图 1-24 所示电路中，$E = 12$ V，$R_1 = 200$ Ω，$R_2 = 600$ Ω，$R_3 = 300$ Ω，求开关接到 1、2、3 位置时电压表的读数。

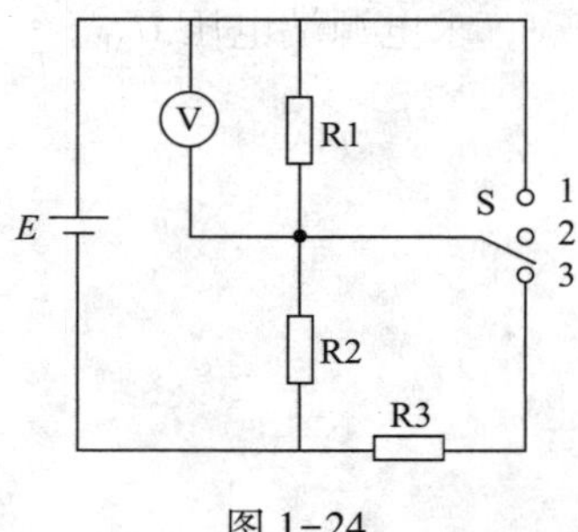

图 1-24

2. 电路如图 1-25 所示，已知电源电动势 $E=30$ V，内阻不计，外电路电阻 $R_1=10\ \Omega$，$R_2=R_3=40\ \Omega$，求开关 S 断开和闭合时通过电阻 R1 的电流。

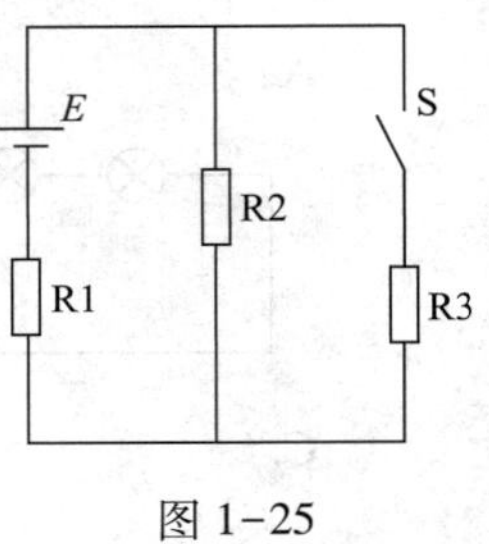

图 1-25

3. 电路如图 1-26 所示，已知 $R_1=8\ \Omega$，$R_2=3\ \Omega$，$R_3=6\ \Omega$，$R_4=10\ \Omega$，$r=1\ \Omega$，$E=12$ V，求电源端电压 U_{AB}。

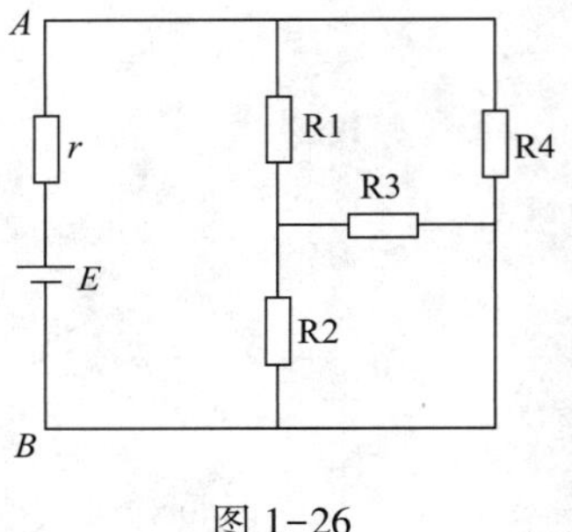

图 1-26

课题五 电池组的连接

任务1 测量分析串联电池组

一、填空题

1. 当用电器的额定电压高于单个电池的电动势时，可以用＿＿＿＿＿＿电池组供电，但用电器的额定电流必须＿＿＿＿＿单个电池允许的最大电流。

2. 如图 1-27 所示，电压表内阻很大，每个电池的电动势为 1.5 V，内阻为 0.3 Ω，则电压表的读数是＿＿＿＿＿＿，电池组的内阻是＿＿＿＿＿＿。

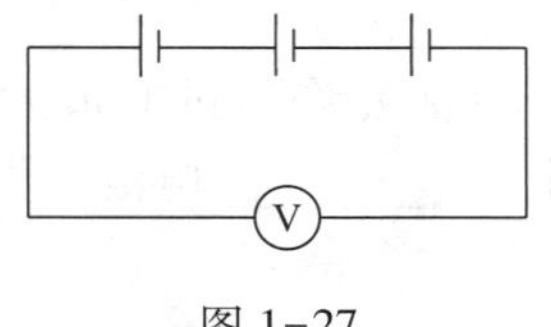

图 1-27

二、判断题

1. 要提高电池电压时可采用串联电池组。（ ）
2. 串联电池组的等效电源内阻小于任何一个电池的内阻。（ ）

三、简答题

1. 一般情况下，当使用时间过长引起串联电池组电压过低时，应同时更换全部电池。若只更换其中一个电池，会产生什么后果？若安装时其中一个电池的极性装反，会产生什么后果？

2. 如何通过仪表判断电池的新旧程度?

任务2　测量分析并联电池组

一、填空题

1. 当用电器的额定电流比单个电池允许通过的最大电流还大时，可采用________电池组供电。

2. 当用电器的额定电流比单个电池允许通过的最大电流大，且用电器的额定电压比单个电池的额定电压高时，可采用__________电池组供电。

二、判断题

1. 要增大电池的供电电流时可采用并联电池组。 (　　)

2. 混联电池组适用于每个电池的电动势能够满足负载所需电压，而单个电池的输出电流小于负载所需电流的情况。 (　　)

三、简答题

某用电设备工作电压是3 V，工作电流是300 mA，现选用电池作为电源，电池的电动势为1.5 V，额定电流为150 mA，请画图说明电池怎样连接才能满足要求。

课题六　基尔霍夫定律

任务 1　认识复杂直流电路

一、填空题

1. 通常把______________________________的电路称为复杂直流电路。

2. 电路中________________的每个分支称为支路。三个或三个以上支路的汇交点称为____________。电路中任意一个闭合路径称为__________。在回路中间不框入任何其他支路的回路称为____________。

二、判断题

1. 电源和电阻数目多的电路称为复杂电路。（　　）
2. 判断一个电路是简单电路还是复杂电路，主要看电路中元件的多少。（　　）
3. 含有电源的支路称为有源支路，不含电源的支路称为无源支路。（　　）

三、选择题

1. 图 1–28 所示电路是（　　）。

A. 简单直流电路　　B. 复杂直流电路
C. 简单交流电路　　D. 无法确定

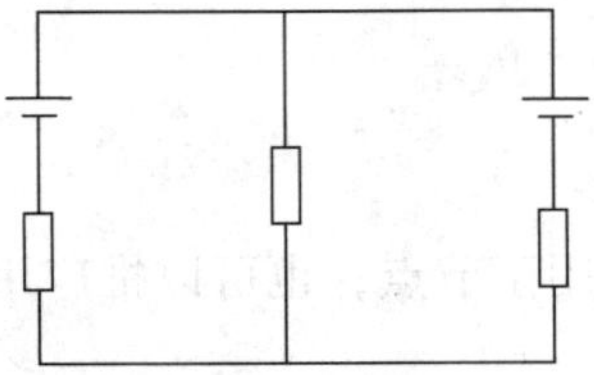

图 1–28

2. 一个电路中，网孔数与相互独立的回路数之间的关系是（　　）。

A. 网孔数大于相互独立的回路数
B. 网孔数小于相互独立的回路数
C. 网孔数等于相互独立的回路数
D. 无法确定

四、简答题

图 1-29 所示电路的节点数、支路数、回路数及网孔数分别是多少？

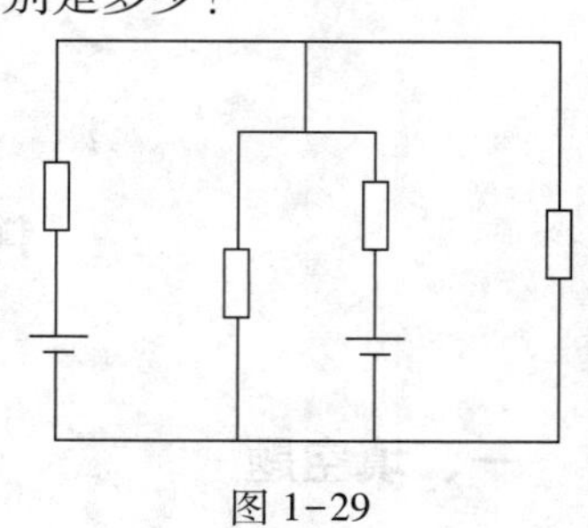

图 1-29

任务 2　探究基尔霍夫定律

一、填空题

1. 支路电流法就是以______________为未知数，应用________________列出所需要的方程组，然后联立求解__________和__________的方法。

2. 用支路电流法求解电流时，第一步应先标出____________________的参考方向和______________的绕行方向。

二、判断题

1. 基尔霍夫第一定律不仅适用于节点，也可以推广用于电路中任一假设的闭合面。（　　）

2. 回路电压定律表明电路的任一回路中各部分电压之间的关系。（　　）

3. 用支路电流法解出的 I 为负值，说明其假设的电流参考方向与实际电流方向相反。（　　）

三、选择题

1. 对于电路中的任意假想闭合面，流入该闭合面的电流之和必（　　）流出该闭合面的电流之和。

A. 等于　　B. 大于　　C. 小于　　D. 不等于

2. 在图 1−30 所示电路中，电流 I=（　　）A。

A. 2　　B. 3　　C. 5　　D. 7

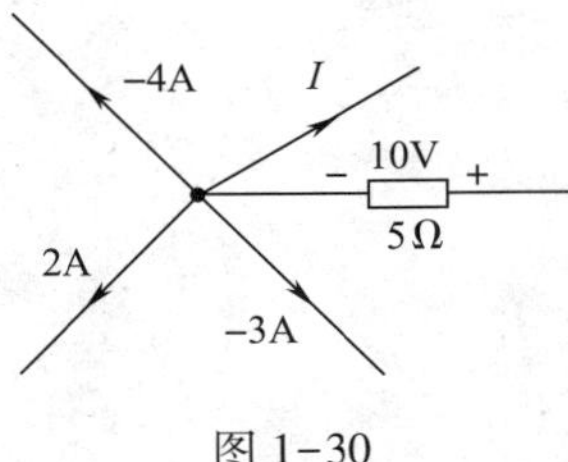

图 1−30

3. 在图 1−31 所示电路中，I_1 和 I_2 的数值关系为（　　）。

A. $I_1<I_2$　　B. $I_1>I_2$　　C. $I_1=I_2$　　D. 不确定

4. 图 1−32 所示为电子电路中的晶体三极管，其三个管脚的电流关系为（　　）。

A. $I_B+I_C+I_E=0$　　B. $I_E=I_B+I_C$　　C. $I_C=I_E+I_B$　　D. 无法确定

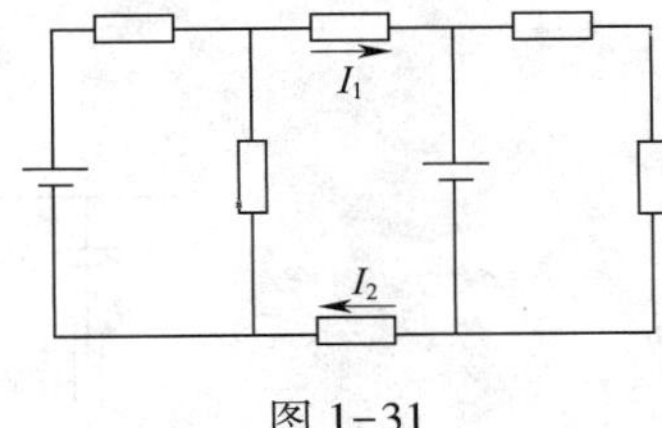

图 1−31

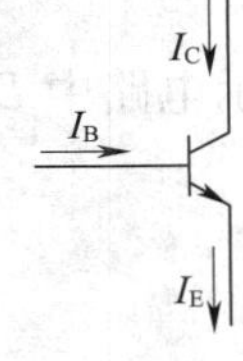

图 1−32

四、计算题

1. 求图 1−33 所示电路中各未知电流 I 的大小。

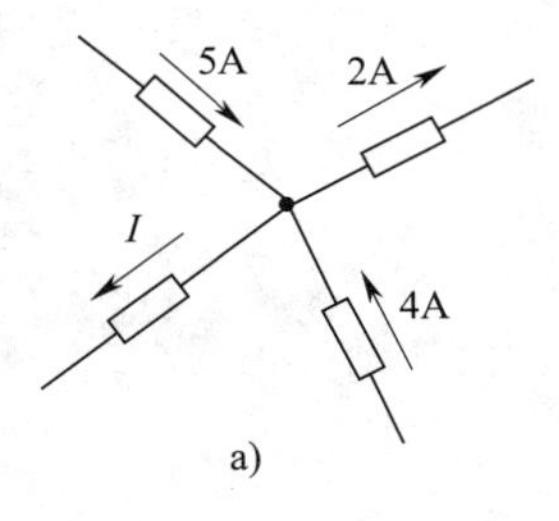

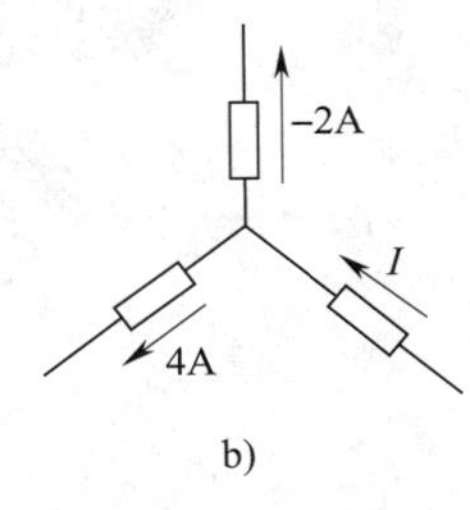

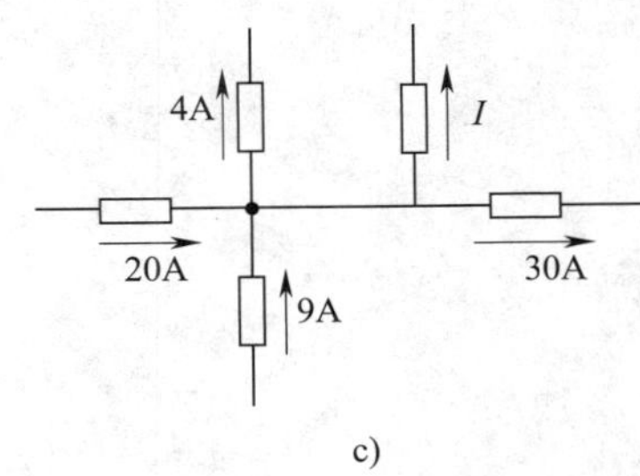

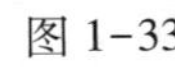

图 1−33

2. 求图 1-34 所示电路中电流 I_1、I_2 的大小。

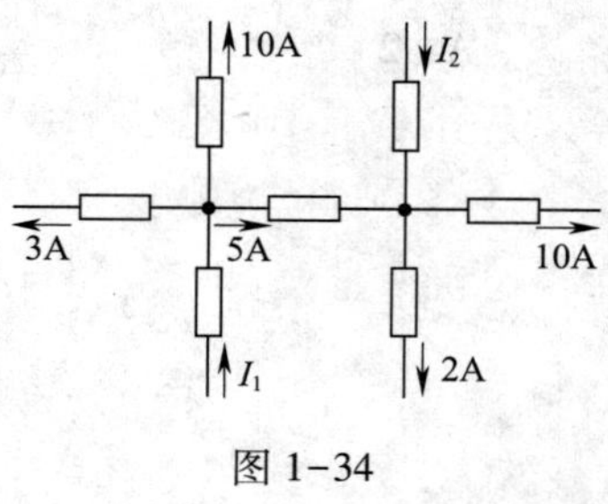

图 1-34

3. 求图 1-35 所示电路中 E 的大小。

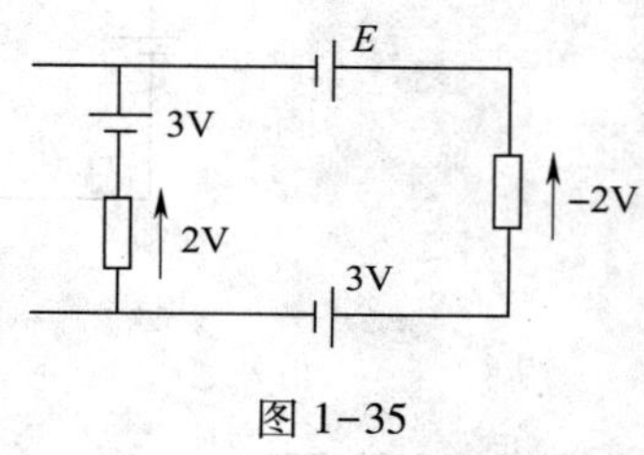

图 1-35

课题七　叠加原理和戴维南定理

任务1　探究叠加原理

一、填空题

1. 叠加原理的内容：在含有__________________的线性电路中，任意一条支路的电流（或电压）等于电路中每个电源____________作用时，在该支路中产生的电流（或电压）的__________。

2. 叠加原理仅适用于________电路，而且只能用来计算________和________，不能用于________的计算。

3. 运用叠加原理计算复杂电路时，需将复杂电路分解为若干个__________________的分电路。当某一独立电源单独作用时，其他电源应__________，即电压源________、电流源____________，只保留________。

4. 运用叠加原理对各分电路的计算结果进行叠加时，若分电流与原电路中待求电流的参考方向相同，则该分电流取“________”号，否则取“________”号。

二、选择题

1. 应用叠加原理可以将复杂电路分解成多个简单电路，然后利用（　　）求解。

A. 基尔霍夫定律　　B. 欧姆定律和电阻串、并联的规律

C. 支路电流法　　D. 基尔霍夫定律和支路电流法

2. 叠加原理适合求解（　　）复杂电路。

A. 任意　　B. 含有多个电源的线性

C. 含有一个电源的　　D. 含有多个电源的非线性

三、计算题

1. 在图 1-36 所示电路中，已知开关 S 打在位置 1 时电流表读数为 3 A，则当开关打在位置 2 时电流表读数为多少？

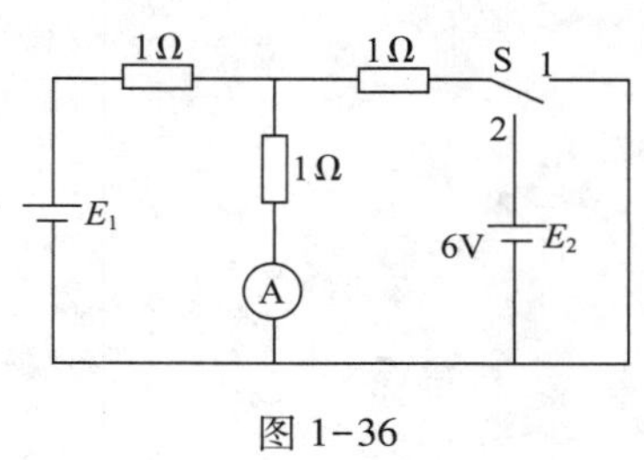

图 1-36

2. 如图 1-37 所示，已知 $E_1 = E_2 = 17\ \text{V}$，$R_1 = 2\ \Omega$，$R_2 = 1\ \Omega$，$R_3 = 5\ \Omega$，用叠加原理求各支路电流。

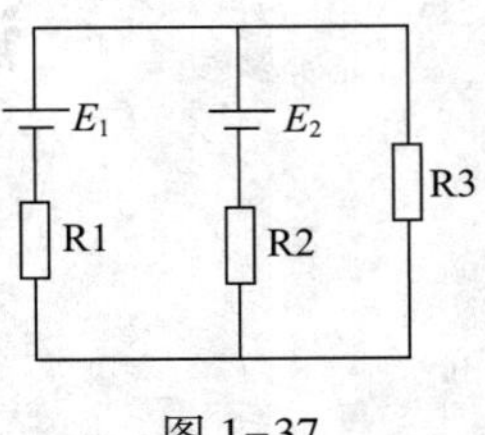

图 1-37

3. 如图 1-38 所示，已知电源电动势 $E_1 = 48$ V，$E_2 = 32$ V，电源内阻不计，电阻 $R_1 = 4\ \Omega$，$R_2 = 6\ \Omega$，$R_3 = 16\ \Omega$，用叠加原理求通过 R1、R2、R3 的电流。

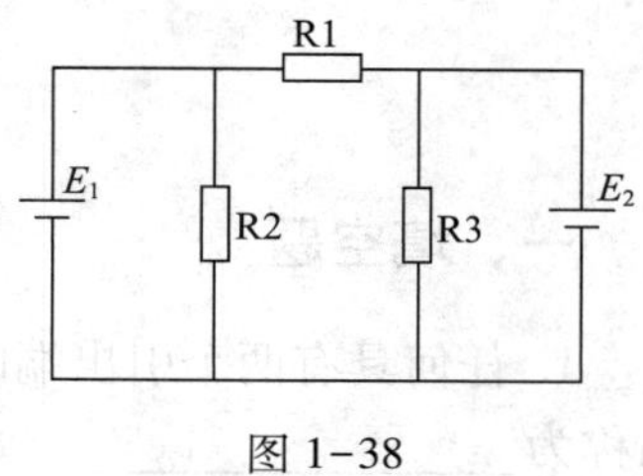

图 1-38

任务 2　探究戴维南定理

一、填空题

1. 任何具有两个引出端的电路都称为______________。如果这部分电路中含有电源，则称为________________。如果电路中只有电阻而不含有电源，则称为______________。

2. 戴维南定理的内容：任何一个______性有源二端网络对于外电路而言，都可以用一个________和________串联的等效电源来代替，等效电源的电动势 E 等于有源二端网络的______________，等效电源的内阻 r 等于有源二端网络内所有电动势________后，网络两端的____________。

二、判断题

1. 戴维南定理常用于复杂电路中只需计算某一支路电流（或电压）的场合。（　　）

2. 任何有源二端网络都可以用一个等效电压源来代替。（　　）

3. 任何线性无源二端网络都可以用一个等效电阻 R 来代替。（　　）

4. 在画戴维南等效电路时，等效电动势 E 的正方向应与有源二端网络的开路电压 U_{AB} 的正方向相同。（　　）

三、选择题

1. 一有源二端网络，测得其开路电压为 100 V，短路电流为 10 A，当外接 10 Ω 负载时，负载电流为（　　）A。

A. 5　　B. 10　　C. 20　　D. 25

2. 图 1-39 所示有源二端网络的等效电阻 R_{AB} 为（　　）kΩ。

A. 1/2　　B. 1/3　　C. 3　　D. 2

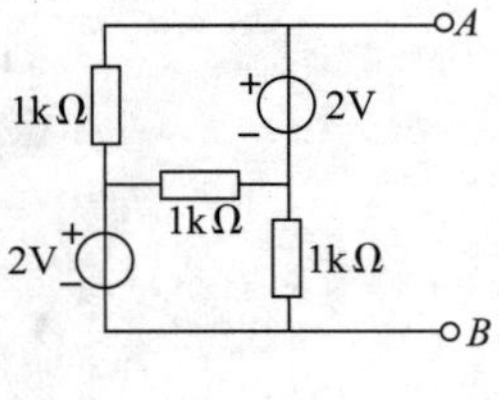

图 1-39

四、计算题

1. 求图 1-40 所示电路中有源二端网络的等效电压源。

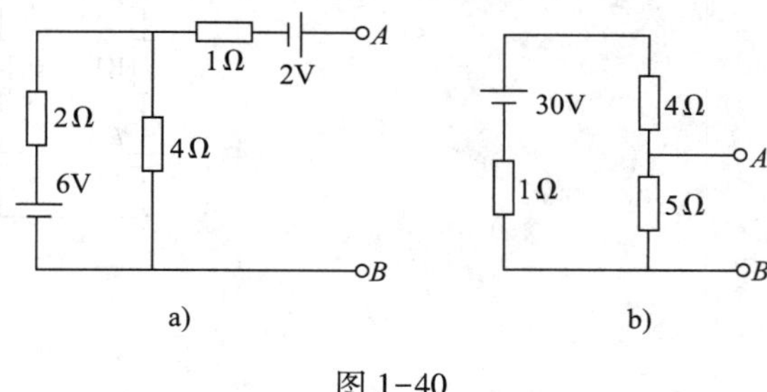

图 1-40

2. 电路如图 1-41 所示，已知 $E_1=10\ \text{V}$，$E_2=4\ \text{V}$，电源内阻不计，电阻 $R_1=R_2=R_6=2\ \Omega$，$R_3=1\ \Omega$，$R_4=10\ \Omega$，$R_5=8\ \Omega$，用戴维南定理求通过电阻 R3 的电流。

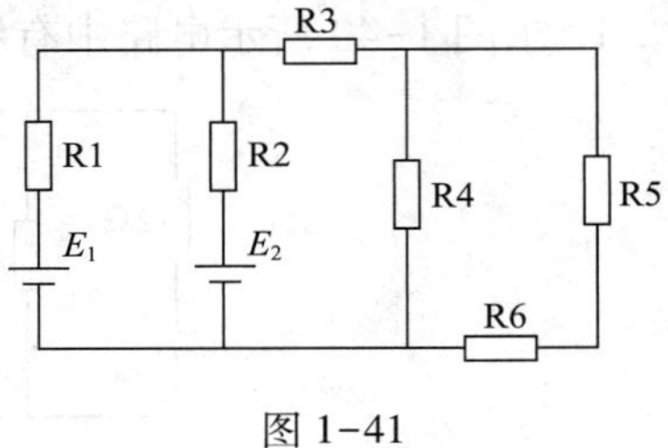

图 1-41

课题八　直流电桥电路

任务 1　测量直流电桥电路

一、填空题

1. 直流单臂电桥是用于精确测量____________的仪器，又称为________________。
2. 直流电桥平衡的特点是桥路中的电流 I_g = __________。
3. 直流单臂电桥平衡时，被测电阻 R_x = ________________。

二、判断题

1. 用直流电桥测量电阻的方法准确度比较高。（　　）
2. 只要直流电桥上检流计的指针指零，电桥一定平衡。（　　）

三、选择题

1. 直流电桥的平衡条件是电桥（　　）相等。
   A. 相对臂电阻之和　　B. 相邻臂电阻之和
   C. 相对臂电阻之积　　D. 相邻臂电阻之积
2. 要精确测量电阻的阻值，应优先选用（　　）。
   A. 万用表　　B. 兆欧表　　C. 直流电桥　　D. 电流表

四、简答题

直流电桥平衡时具有哪些特点？

五、计算题

图 1-42 所示直流电桥处于平衡状态，已知 $R_1=30\ \Omega$，$R_2=15\ \Omega$，$R_3=20\ \Omega$，$r=0.5\ \Omega$，$E=19$ V，求电阻 R4 的阻值和流过它的电流。

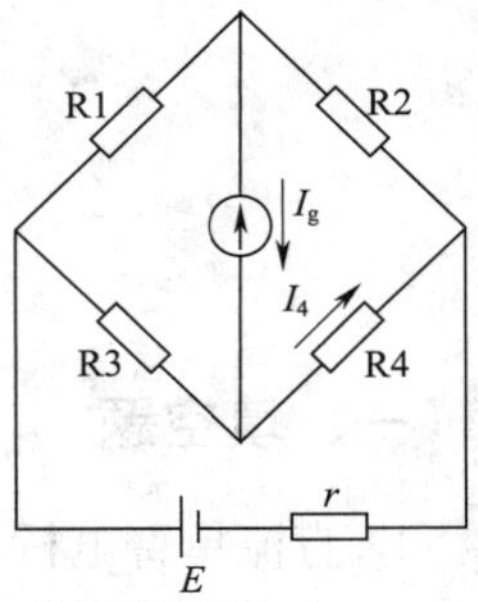

图 1-42

任务 2　测试直流电桥应用电路

一、填空题

1. 直流电桥电路广泛应用于__________、____________等测量电路中，在这类应用中，直流电桥电路中桥路两端的电压（桥路中的电流）常常__________，此时称直流电桥电路处于__________状态。

2. 电阻的星形联结与三角形联结在满足一定条件时，可以实现相互等效变换，这称为____________________。

3. 若构成星形联结的三个电阻相等，则称为__________________；若构成三角形联结的三个电阻相等，则称为________________。

二、简答题

1. 简述测温直流电桥电路的工作原理。

2. 电阻的 Y－△等效变换的条件是什么？

三、计算题

1. 将图 1-43 所示星形联结等效变换为三角形联结。

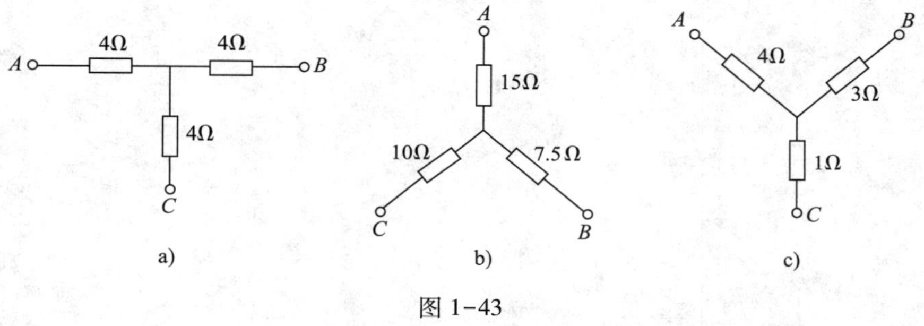

图 1-43

2. 将图 1-44 所示三角形联结等效变换为星形联结。

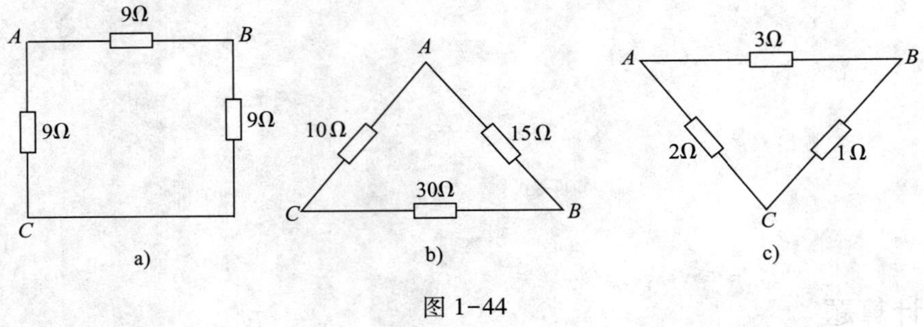

图 1-44

3. 在图 1-45 所示电路中，已知 $R_1 = R_2 = R_3 = 4\ \Omega$，$R_4 = R_5 = 12\ \Omega$，$E = 6\ \text{V}$。求电源提供的总电流。

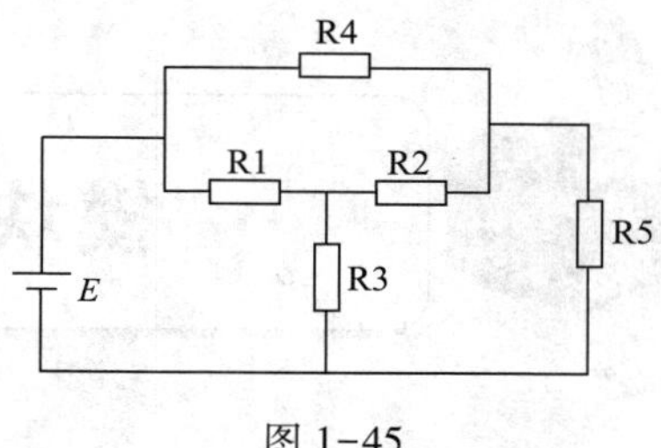

图 1-45

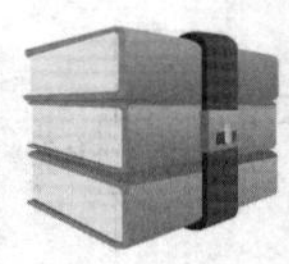

模块二　磁场与电磁感应

课题一　磁场与电流的磁效应

任务1　认识磁体与磁感线

一、填空题

1. 把物体能够吸引铁、镍、钴等金属及其合金的性质称为________。具有磁性的物体称为________。磁体分为________磁体和________磁体两大类。

2. 磁体两端磁性最强的部分称为________。指南的磁极称为指南极，用符号______表示；指北的磁极称为指北极，用符号______表示。

3. 磁极之间有相互________：同名磁极相互________，异名磁极相互________。

4. 磁感线是为________________而引入的物理量，它不是________存在的。

二、判断题

1. 任何磁体都有两个磁极，而且磁体的N极和S极不能分割开，它们总是成对出现的。（　　）

2. 在实验中，常用小磁针N极的指向来判定某点磁场的方向。（　　）

三、简答题

1. “磁感线的方向就是磁场的方向”这种说法是否正确？为什么？

2. 怎样辨别条形磁铁的N极和S极？

任务2 探究电流产生的磁场

一、填空题

1. 电流的周围存在磁场的现象称为____________，也就是平常所说的“________”。
2. 电流产生磁场的方向与电流的________有关，电流越大，产生的磁场越______。

二、判断题

1. 电流通过导体后必然产生磁场，这种现象称为电流的磁效应。 ( )
2. 直导线电流和环形电流产生的磁场方向都能用右手螺旋定则来判定。 ( )
3. 所有磁场都是由电流产生的。 ( )

三、简答题

1. 什么是电流的磁效应？试列举两个实际生活中应用电流磁效应的例子。

2. 在图2-1中标出电流产生的磁场方向或电源正负极性。

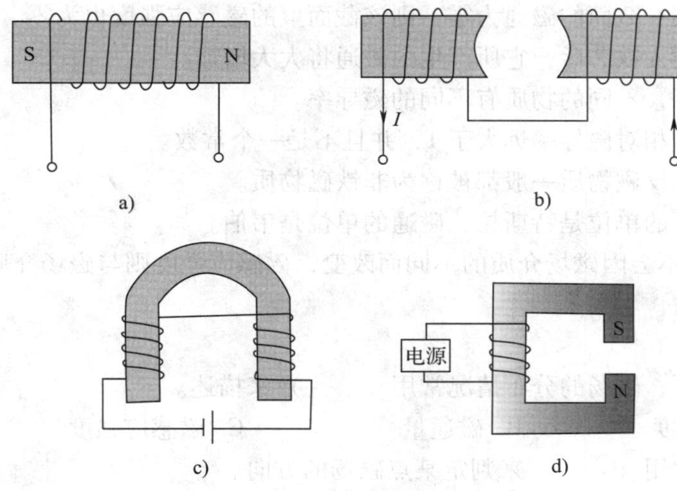

图2-1

任务3　探究磁场的主要物理量

一、填空题

1. 定量描述磁场中各点磁场强弱和方向的物理量，称为______________，用符号________表示，单位为__________。描述磁场在空间某一范围内分布情况的物理量称为__________，用符号______表示，单位为__________。在均匀磁场中，这两者的关系可用公式________表示。

2. 用来表示各种介质导磁性能好坏的物理量称为________，用符号______表示，单位是__________。为了比较不同介质对磁场的影响，又引入了________________的概念，它们之间的关系表达式为__________。

3. 根据相对磁导率的大小，可把物质分为________________、__________________和________________三类。

4. 磁场强度用____________表示，单位是__________。在均匀介质中，它的方向和________________方向一致。

5. 磁场强度的数值只与__________________及________________有关，而与磁场介质的情况无关。

6. 当面积一定时，通过该面积的磁感线越多，磁通越______，磁场越______。

二、判断题

1. 磁场强度的方向、磁感应强度的方向以及磁感线的方向都是一致的。（　　）
2. 磁场强度和磁感应强度的意义相同，只是名称不同。（　　）
3. 穿过某一截面积的磁感线数称为磁通，也称为磁通密度。（　　）
4. 如果通过某一截面的磁通为零，则该截面上的磁感应强度也为零。（　　）
5. 通电线圈插入铁芯后，它所产生的磁通将大大增加。（　　）
6. 一般情况下，不同的物质有不同的磁导率。（　　）
7. 铁磁物质的相对磁导率远大于1，并且不是一个常数。（　　）
8. 顺磁物质和反磁物质一般都被称为非铁磁物质。（　　）
9. 磁感应强度的单位是特斯拉，磁通的单位是韦伯。（　　）
10. 磁场强度不会因磁场介质的不同而改变，磁感应强度则与磁场介质相关。（　　）

三、选择题

1. 为研究方便，磁场的分布情况常用（　　）来描述。

A. 磁场强度　　B. 磁通量　　C. 磁感应强度　　D. 磁导率

2. 实际中，常用（　　）来判定某点磁场的方向。

A. 小磁针 N 极的指向　　B. 小磁针 S 极的指向
C. 电流的方向　　D. 导体的方向

3. 磁感线的方向规定为（　　）。
A. 从 N 极指向 S 极
B. 从 S 极指向 N 极
C. 在磁铁内部从 N 极指向 S 极，在磁铁外部从 S 极指向 N 极
D. 在磁铁外部从 N 极指向 S 极，在磁铁内部从 S 极指向 N 极

4. 磁感线的疏密程度表示磁场的（　　）。
A. 路径　　B. 方向　　C. 大小　　D. 范围

5. 空气、铜、铁各属于（　　）。
A. 顺磁物质、反磁物质、铁磁物质
B. 顺磁物质、顺磁物质、铁磁物质
C. 顺磁物质、铁磁物质、铁磁物质
D. 铁磁物质、铁磁物质、顺磁物质

6. 下列选项中，与磁导率无关的是（　　）。
A. 磁感应强度　　B. 磁场强度　　C. 磁通　　D. 磁感线

7. 铁磁物质的相对磁导率（　　）。
A. 等于 0　　B. 等于 1　　C. 稍大于 1　　D. 远大于 1

四、简答题

1. 磁通、磁感应强度、磁场强度三个物理量之间有什么联系？写出其关系式，并简要说明。

2. 磁场介质不同会对磁通、磁感应强度和磁场强度有什么影响？

课题二　铁磁材料与磁路欧姆定律

任务1　观察铁磁物质的磁化现象

一、填空题

1. 使____________________具有__________的过程称为磁化。只有__________才能被磁化。

2. 铁磁物质的____________随____________变化的规律称为磁化曲线。当给线圈通入交变电流时，所得到的闭合曲线称为__________。

3. 铁磁材料根据工程上的用途不同，可分为__________、__________和__________。

4. B 的变化落后于 H 的变化，这一现象称为__________。

5. 铁芯在反复磁化的过程中，由于要不断克服____________将损耗一定的能量，称为____________，这将使铁芯________，其大小与__________________的大小成正比。

二、判断题

1. 铁磁物质的磁导率为一常数。（　　）

2. 任何物质都能被磁化。（　　）

3. 铁磁材料中都存在着磁畴，其他材料中不存在磁畴。（　　）

4. 在无外磁场作用时，铁磁物质的磁畴排列杂乱无章，磁性互相抵消，因此对外不显磁性。（　　）

5. B 随 H 变化的规律可用 B-H 曲线来表示，称为磁滞回线。（　　）

6. 实际中为了增强线圈中的磁场，常将铁芯制成闭合的形状。（　　）

7. 磁滞损耗的大小与磁滞回线所包络的面积成正比。（　　）

8. 软磁材料常被用于制作电动机、变压器、电磁铁的铁芯。（　　）

9. 制造计算机磁盘通常用硬磁材料。（　　）

10. 硬磁材料的磁滞损耗比软磁材料的大得多。（　　）

三、选择题

1. 磁化后的旋具只能吸引订书钉等较小的铁磁物质，这是因为旋具的材料是（　　）材料。

A. 硬磁　　B. 软磁　　C. 矩磁　　D. 顺磁

2. 在磁化曲线中可以看到，B 与 H 的关系是（　　）的。

A. 线性　　B. 正弦变化　　C. 非线性　　D. 互不关联

3. 各种电器的线圈中，一般都装有（　　），以获得较强的磁场。

A. 开关　　B. 变压器　　C. 铁芯　　D. 调压器

4. 通常情况下，线圈铁芯的工作磁通应选取在磁化曲线的（　　）。

A. 膝部以下　　B. 膝部　　C. 膝部以上　　D. 饱和段

5. 适合制造永久磁铁的铁磁材料是（　　）材料。

A. 硬磁　　B. 软磁　　C. 矩磁　　D. 抗磁

6. 适合制造电动机铁芯的材料是（　　）材料。

A. 硬磁　　B. 软磁　　C. 矩磁　　D. 抗磁

7. 磁滞损耗最小的材料是（　　）材料。

A. 硬磁　　B. 软磁　　C. 矩磁　　D. 抗磁

四、简答题

1. 为什么只有铁磁物质才能被磁化？

2. 铁磁材料可分为哪几类？它们的磁化曲线各有什么特点？各有什么用途？

3. 在线圈产生的磁场强度相同的条件下，如要获得尽量强的磁感应强度，应在硅钢、铸钢和铸铁中选择哪种材料作为线圈铁芯？为什么？

任务 2　探究磁路欧姆定律

一、填空题

1. ________所通过的路径称为磁路。磁路可分为________磁路和________磁路。

2. 把通过铁芯的磁通称为__________，铁芯外的磁通称为__________。一般情况下，漏磁通很________，可忽略不计。

3. 磁路欧姆定律说明：磁路中的磁通与磁动势成________，与磁阻成________。

4. 磁动势用________表示，简称________，单位是________。磁动势的大小等于线圈的________与线圈中________的乘积。

5. 磁阻用________表示，单位是__________。磁阻在磁路中起________磁通通过的作用。磁阻的大小与磁路的________成正比，与铁芯材料的__________成反比，还与铁芯______________成反比。

6. 在电路与磁路的对比中，电流对应于__________，电动势对应于________，电阻对应于__________。

7. 实际应用的电磁铁一般由______________和__________两个基本部分组成。

8. 电磁铁是利用______________原理制成的一种电器。

二、判断题

1. 铁磁物质的磁阻小，可以尽可能地将磁通集中在磁路中。　　(　　)

2. 磁路没有开路状态。　　(　　)

3. 通过无分支磁路各处单位面积的磁通是相等的。　　(　　)

4. 实际应用的电磁铁一般由励磁线圈和衔铁两部分组成。　　(　　)

5. 电磁铁的励磁电流通过线圈时，呈现磁性；电流中断时，就只剩较弱的剩磁了。
(　　)

三、选择题

1. 磁路的漏磁现象要比电路的漏电现象（　　）。

A. 严重得多　　B. 少　　C. 基本一样　　D. 不确定

2. 下列关于磁阻的说法，正确的是（　　）。

A. 磁阻是一个常数　　B. 磁阻不是常数

C. 磁阻不一定是常数　　D. 磁阻是负数

3. 直流电磁铁的铁芯是由（　　）组成的。

A. 整块硅钢　　B. 多层彼此绝缘的硅钢片叠成

C. 整块铸钢或工业纯铁　　D. 磁芯

四、简答题

1. 磁路欧姆定律为什么一般只用作磁路的定性分析而不宜用作磁路的计算？

2. 在空心线圈中放置铁质材料后磁场会得以增强，产生这一现象的原因是什么？

课题三　磁场对电流的作用

一、填空题

1. 通电的直导体周围存在________，它就成了一个磁体，把这个磁体放到另一个磁场中，它也会受到磁力的作用。这就是通常所说的“__________”。

2. 通常把通电导体在磁场中所受的力称为____________，通电直导体在磁场中的受力方向可用__________定则来判断。

3. 把一段通电导线放入磁场中，当电流方向与磁场方向________时，导线所受的电磁力最大；当电流方向与磁场方向________时，导线所受的电磁力最小。

4. 两条相距较近且相互平行的直导线，当通以相同方向的电流时，它们__________；当通以相反方向的电流时，它们__________。

5. 在均匀磁场中放入一个线圈，当给线圈通入电流时，它就会________________。当线圈平面与磁感线平行时，线圈所受的电磁力产生的转矩________；当线圈平面与磁感线垂直时，线圈所受的电磁力产生的转矩________。

二、判断题

1. 通电导体在磁场中必然会受到电磁力的作用。（　　）

2. 无论是通电直导体还是通电线圈在磁场中所受电磁力的方向都能用左手定则判断。（　　）

3. 通电导体在磁场中受力为零，磁感应强度一定为零。（　　）

4. 一段通电导线在磁场中某处受到的电磁力大，表明该处的磁感应强度大。（　　）

5. 通入同方向电流的平行直导线相互排斥。（　　）

6. 在磁感应强度为 B 的均匀磁场中，放入一面积为 S 的线框，通过线框的磁通 $\Phi = BS$。（　　）

三、选择题

1. 处于磁场中的通电直导体，当电流方向与磁场方向平行时，电流所受的电磁力（　　）。

A. 为 0　　B. 最大　　C. 最小　　D. 无法确定

2. 处于磁场中的通电直导体，当电流方向与磁场方向垂直时，电流所受的电磁力（　　）。

A. 为 0　　B. 最大　　C. 最小　　D. 无法确定

3. 在均匀磁场中，原载流直导线所受电磁力为 F，若电流强度增加到原来的 2 倍，而导线的长度减小一半，则载流直导线所受的电磁力为（　　）。

A. $2F$ B. F C. $F/2$ D. $4F$

4. 图 2-2 所示电路中，通电直导体的受力情况为（ ）。

A. 向上 B. 向下 C. 向右 D. 向左

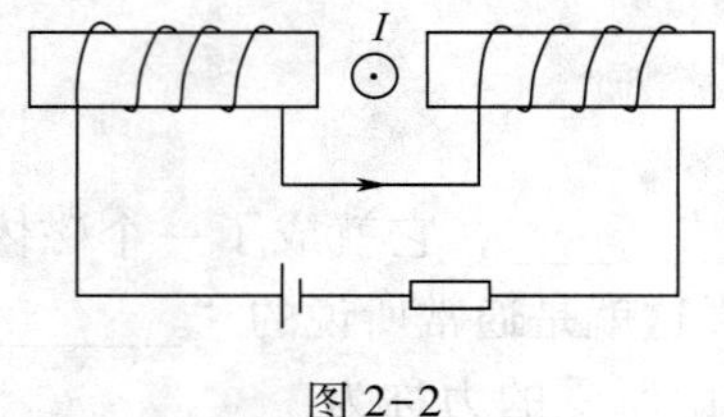

图 2-2

5. 将通电矩形线圈用线吊住并放入磁场，使线圈平面垂直于磁场，线圈将（ ）。

A. 转动 B. 向左移动

C. 向右移动 D. 不动

6. 直流电动机是根据（ ）的原理制成的。

A. 磁场对通电矩形线圈有作用力

B. 电流通过线圈产生磁场

C. 电流通过线圈产生热量

D. 不一定

7. 通入同方向电流的平行直导线相互（ ）。

A. 排斥 B. 吸引

C. 无作用 D. 无法确定

四、绘图题

1. 标出图 2-3 中电流或力的方向。

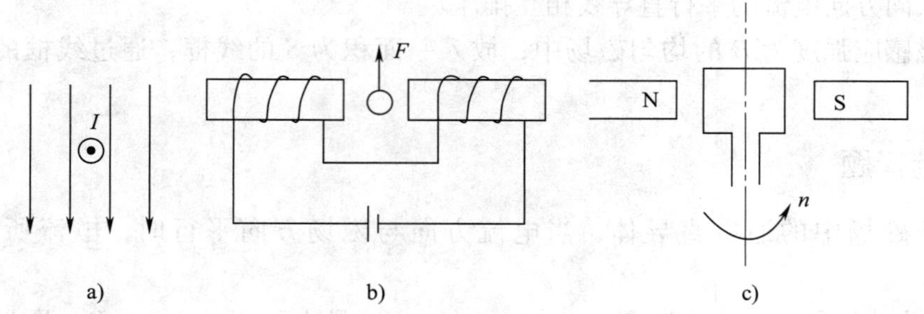

图 2-3

2. 欲使通电直导线所受电磁力的方向如图 2-4 所示，应如何连接电源？

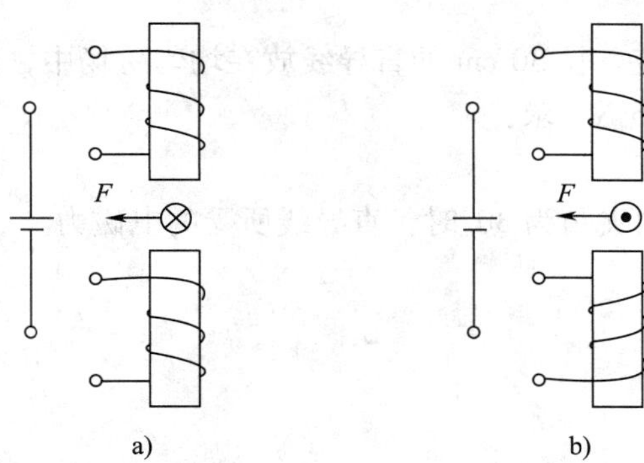

图 2-4

3. 判断并标出图 2-5 中导体的受力方向。

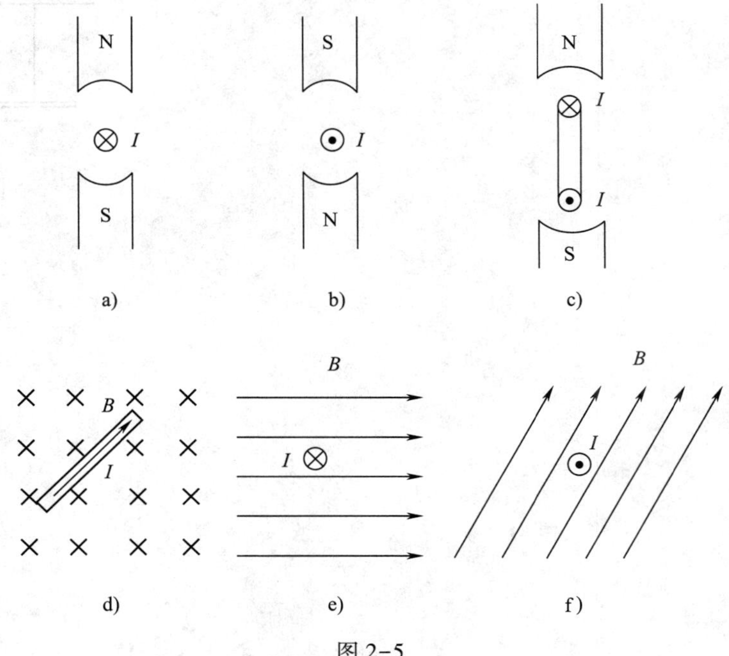

图 2-5

五、计算题

1. 把一根通有 4 A 电流、长 30 cm 的直导线放在均匀磁场中，当直导线和磁感线垂直时，测得所受电磁力是 0. 06 N。求：

（1）磁场的磁感应强度。

（2）直导线和磁场方向夹角为 30°时，直导线所受的电磁力。

2. 图 2-6 所示磁悬浮列车的原理示意图中，一根质量为 0. 02 kg、长 0. 4 m 的金属导线悬浮在均匀磁场中，当导线中通以 2 A 电流（方向如图）时，磁场的磁感应强度为多大？如何设置磁场方向才能抵消重力对导线的作用？

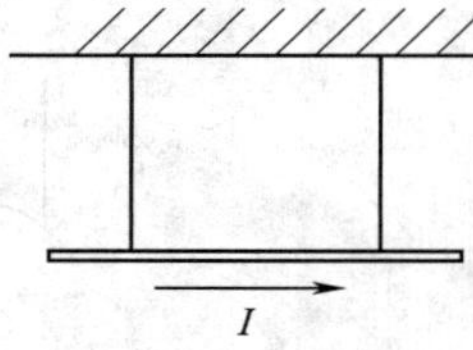

I

图 2-6

课题四　电磁感应

一、填空题

1. 把变化磁场在导体中产生电动势的现象称为______________。由电磁感应产生的电动势叫作________电动势，由感应电动势产生的电流叫作__________。这就是通常所说的“______________”。

2. 直导体切割磁感线产生的感应电动势 e 的大小，与______________、____________以及________________有关，计算公式为 $e=$__________。

3. 法拉第电磁感应定律指出：线圈中感应电动势的大小与线圈中的______________成正比。数学表达式为 $e=$______________。

4. 楞次定律的内容：感应电流产生的磁通总是________原磁通的变化。

5. 发电机是利用____________原理制成的。

二、判断题

1. 左手定则可以判断通电直导体的受力方向，右手定则可以判断直导体的感应电流方向。（　　）

2. 线圈中产生感应电动势的条件是线圈中的磁通必须发生变化。（　　）

3. 如果穿过线圈的磁通不发生变化，那么线圈的感应电动势为零。（　　）

4. 当磁通发生变化时，导线或线圈中就会有感应电流产生。（　　）

5. 通过线圈的磁通越大，产生的感应电动势就越大。（　　）

6. 感应电流产生的磁通总是与原磁通的方向相反。（　　）

7. 闭合线圈中产生的感应电动势的方向可用楞次定律来判断。（　　）

8. 感应电流产生的磁场方向总是与原磁通变化的趋势相反。（　　）

三、选择题

1. 下列现象中，属于电磁感应现象的是（　　）。

A. 通电直导体产生磁场　　B. 通电直导体在磁场中运动

C. 变压器铁芯被磁化　　D. 线圈在磁场中转动发电

2. 直导体在磁场中做相对运动，当直导体运动方向和磁感线方向夹角为（　　）时产生的感应电动势最大。

A. 0°　　B. 45°　　C. 90°　　D. 180°

3. 如图 2-7 所示，在均匀磁场中两根平行的金属导轨上，放置两根平行的金属导线 ab、cd，假定它们沿导轨运动的速度分别为 v_1 和 v_2，且 $v_2>v_1$，现要使回路中产生最大的感应电流，且方向由 $a\rightarrow b$，那么 ab、cd 的运动情况应为（　　）。

A. 背向运动　　B. 相向运动
C. 都向右运动　　D. 都向左运动

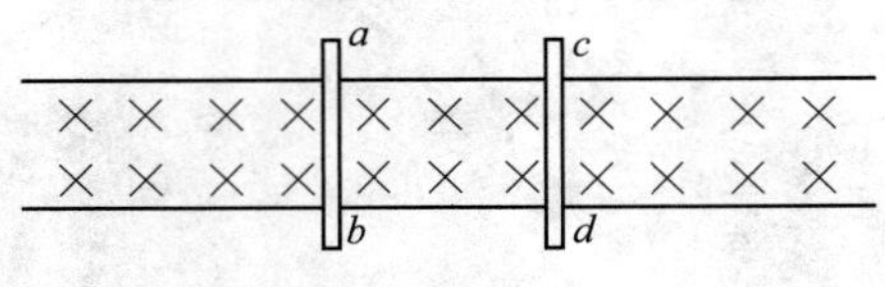

图 2-7

4. 如图 2-8 所示，当导体 ab 在外力作用下，沿金属导轨在均匀磁场中以速度 v 向右移动时，放置在导轨右侧的导体 cd 将（　　）。

A. 不动　　B. 向右移动　　C. 向左移动　　D. 向上移动

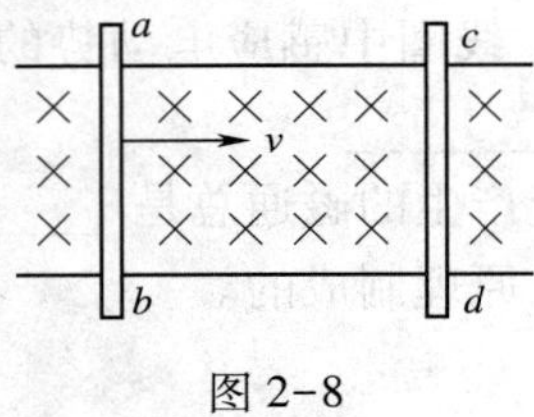

图 2-8

5. 线圈中感应电动势的数学表达式为（　　）。

A. $e=\dfrac{\Phi}{\Delta t}$　　B. $e=N\dfrac{\Delta\Phi}{\Delta t}$　　C. $e=\dfrac{\Delta\Phi}{t}$　　D. $e=N\dfrac{\Phi}{t}$

6. 闭合线圈中产生的感应电动势的方向可用（　　）判定。

A. 安培定则　　B. 左手定则　　C. 右手定则　　D. 楞次定律

7. 直导体切割磁力线产生的感应电动势的方向可用（　　）判定。

A. 安培定则　　B. 左手定则　　C. 右手定则　　D. 楞次定律

8. 感应电流的磁场方向总是和原磁通的变化趋势（　　）。

A. 相同　　B. 一致　　C. 相反　　D. 相对应

9. 当把磁铁插入线圈时，线圈中的磁通将（　　）。

A. 增加　　B. 减小　　C. 不变　　D. 不确定

10. 线圈中感应电动势的大小与线圈中磁通的（　　）成正比。

A. 变化　　B. 变化率　　C. 变化量　　D. 大小

四、简答题

1. 线圈中有磁通就一定有感应电动势吗？为什么？

2. 用线绳吊起一个铜线圈，如图 2-9 所示，若将条形磁铁插入铜线圈中，铜线圈将怎样运动？

图 2-9

3. 如图 2-10 所示，导体或线圈在均匀磁场中按图示方向运动，哪种情况下会产生感应电动势？如产生，其方向如何？

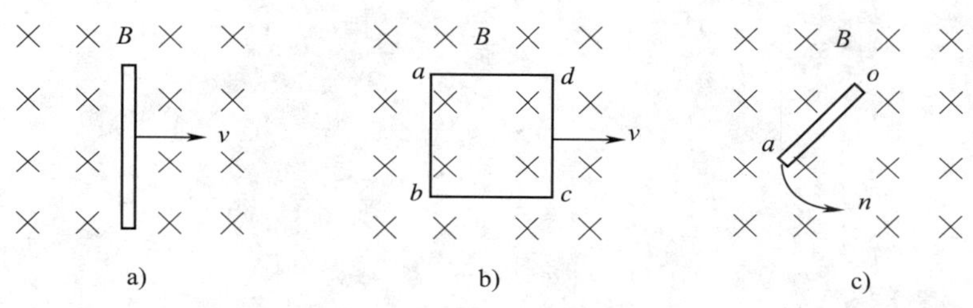

图 2-10

4. 如图 2-11 所示，条形磁铁旁的箭头表示磁铁插入或拔出线圈，试根据楞次定律标出图中检流计的偏转方向。

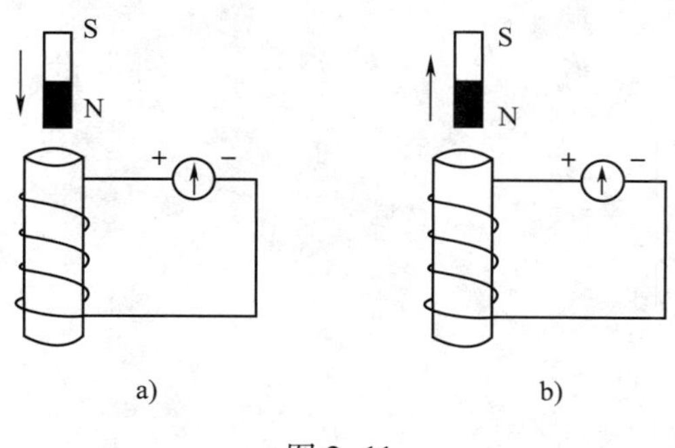

图 2-11

5. 如图 2-12 所示，将矩形线圈放在电流 I 产生的磁场中，若线圈按图中箭头所示方向运动，则哪种情况下能产生感应电流？感应电流的方向如何？

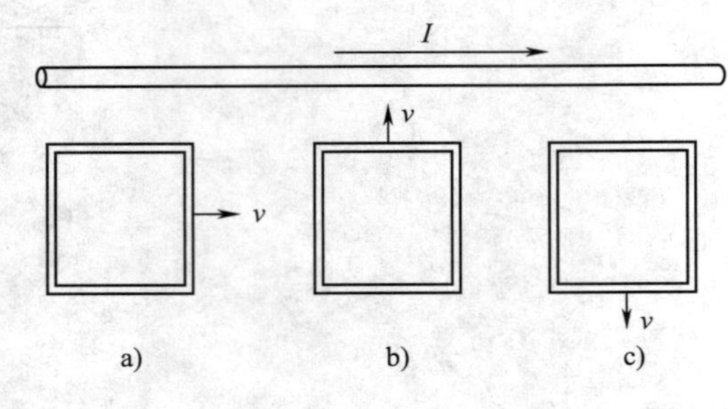

图 2-12

五、计算题

1. 如图 2-13 所示，均匀磁场的磁感应强度为 0.8 T，直导体在磁场中的有效长度为 20 cm，直导体运动方向与磁场方向的夹角为 α，若直导体以 10 m/s 的速度做匀速直线运动，求 α 分别为 0°、30°、90°时直导体上感应电动势的大小和方向。

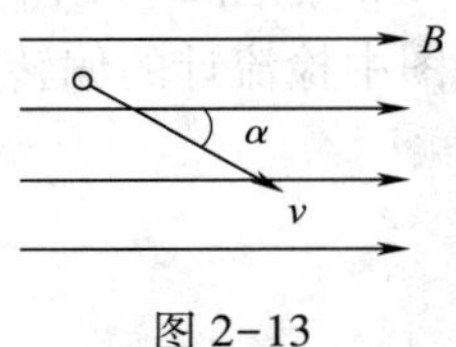

图 2-13

2. 如图 2-14 所示，均匀磁场的磁感应强度 $B=2$ T，方向垂直纸面向里，电阻 $R=0.5$ Ω，导体 AB、CD 在平行框上分别向左和向右匀速滑动，$v_1=5$ m/s，$v_2=4$ m/s，AB 和 CD 的长度都是 40 cm。求：

（1）导体 AB、CD 上产生的感应电动势。

（2）电阻 R 中的电流大小和方向。

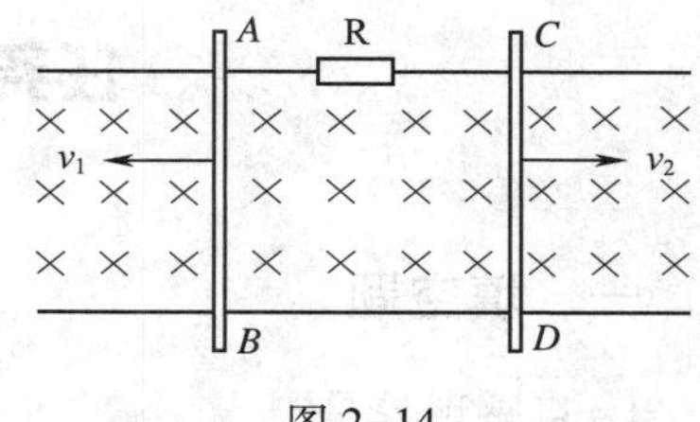

图 2-14

3. 有一个 1 000 匝的线圈，电阻是 10 Ω，若在 0.7 s 内穿过线圈的磁通从 0.02 Wb 增加到了 0.09 Wb，则当它跟一个电阻为 990 Ω 的电热器串联成回路时，通过电热器的电流是多少？

课题五　自感和互感

任务1　观察分析自感现象

一、填空题

1. 自感现象是______________现象的一种，它是由线圈本身________________而引起的。当通过线圈的电流_________时，线圈中就会产生感应电动势，这个电动势总是阻碍线圈中_________的变化。在自感现象中产生的感应电动势称为_________，用______表示，自感电流用______表示。

2. 当同一电流通入结构不同的线圈时，所产生的______________是不相同的。为了衡量不同线圈产生____________的本领，引入____________这一物理量，用________表示，它在数值上等于在线圈中通过________________所产生的自感磁通，数学表达式为________。

3. 电感 L 的单位是_________。常用的较小单位有毫亨和微亨，它们的关系是1亨（H）=________毫亨（mH），1毫亨（mH）=________微亨（μH）。

4. 电感 L 是线圈的________参数，它决定于线圈的____________以及线圈中介质的________。线圈越______，单位长度上的匝数越______，截面积越大，电感就越______。

5. 自感电动势的大小等于线圈的________与____________的乘积。

6. 自感电动势的方向仍可以根据________定律来判定，即自感电动势的方向总是和________________相反。

7. 电感线圈是________元件，在具有电感的电路中，电流不能发生________，存在着________过程。

8. RL 电路过渡过程的快慢与________和________的大小有关，其比值称为 RL 电路的____________。

二、判断题

1. 通入线圈的电流越大，自感系数越大。（　　）
2. 有铁芯线圈的电感要比空心线圈的电感大得多。（　　）
3. 线圈中的电流变化越快，其自感系数就越大。（　　）
4. 自感电动势的大小与线圈的电流变化率成正比。（　　）
5. 空心线圈一般可看成线性电感。（　　）
6. 自感现象是电磁感应现象的一种特殊情况，它必然遵从法拉第电磁感应定律。（　　）

7. 电感线圈是储能元件，本身基本不消耗能量。 ( )

8. 电感线圈两端的电压不能突变。 ( )

三、选择题

1. 把由于流过线圈本身的（ ）发生变化而引起的电磁感应现象称为自感现象。

   A. 电荷　B. 电阻　C. 电子　D. 电流

2. 线圈中产生的自感电动势总是（ ）。

   A. 与线圈内的原电流方向相同　B. 与线圈内的原电流方向相反

   C. 阻碍线圈内原电流的变化　D. 上面三种说法都不正确

3. 与线圈的电感无关的量是（ ）。

   A. 电阻　B. 匝数

   C. 几何形状　D. 介质的磁导率

4. 通过电感线圈的（ ）不能发生突变。

   A. 电阻　B. 电压　C. 电流　D. 功率

四、简答题

1. 一个无铁芯的圆柱形线圈的电感与哪些因素有关?

2. 电路如图 2-15 所示，分析开关 S 接通和断开瞬间灯泡的发光情况。

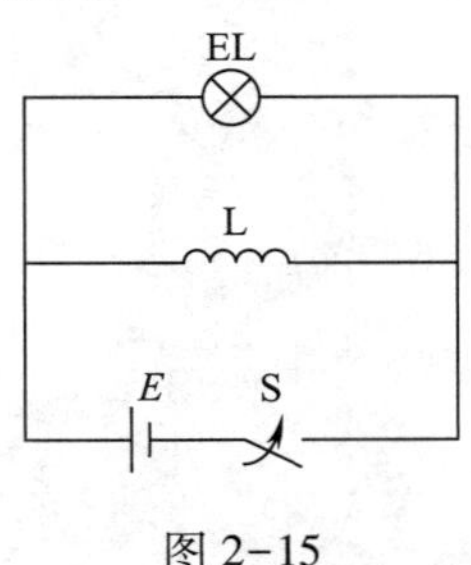

图 2-15

3. 分析图 2-16 所示电路中开关 S 接通和断开瞬间两个灯泡的发光情况，并解释原因。

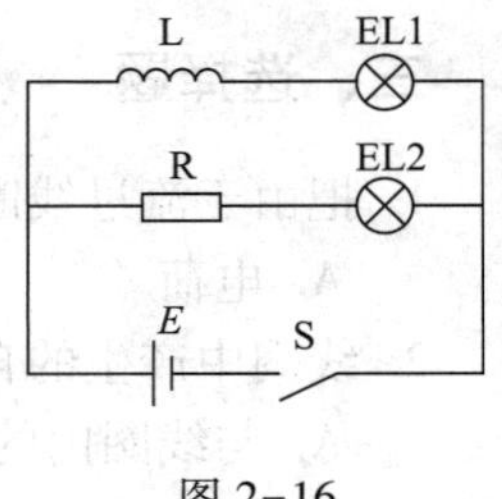

图 2-16

五、计算题

1. 某线圈的电感 $L=500$ mH，电阻可忽略，设在某一瞬间线圈的电流每秒增加 5 A，此时线圈两端的电压是多少？

2. 如图 2-17 所示，在开关闭合瞬间，电流增长率为 10 A/s，已知线圈的电感为 0.5 H，求此时自感电动势的大小和方向。当电流增大到稳定值后，自感电动势又是多少？

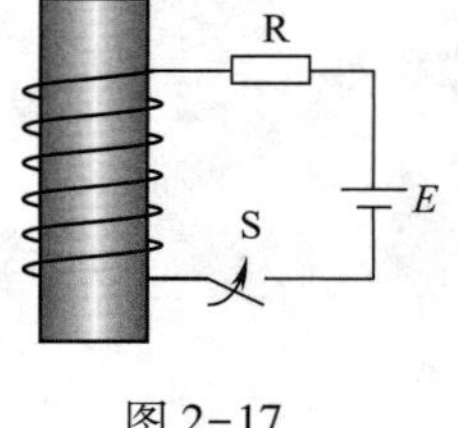

图 2-17

任务2　观察分析互感现象

一、填空题

1. 由一个线圈中的________变化而在另一线圈中产生____________的现象称为________现象，简称________。由互感产生的感应电动势称为____________，用______表示。

2. 互感电动势的大小与两个线圈的___________________以及它们之间的__________有关。当两个线圈互相垂直时，互感电动势最______。当两个线圈互相平行，且第一个线圈的磁通变化全部影响到第二个线圈时，称为________，此时的互感电动势最______。

3. 把由于线圈__________而产生感应电动势的________始终保持一致的接线端称为线圈的________端，用______或______表示。

4. 利用线圈同名端，可以很容易地判断互感电动势的________，了解线圈的________。

5. 减小两个线圈之间互感的办法有___________________和___________________。

6. 磁屏蔽罩由________性良好的________材料制成。

二、简答题

1. 在电子电路中，如何防止因线圈放置位置不对而造成的相互干扰？

2. 分别标出图 2–18a、图 2–18b 所示线圈的同名端。

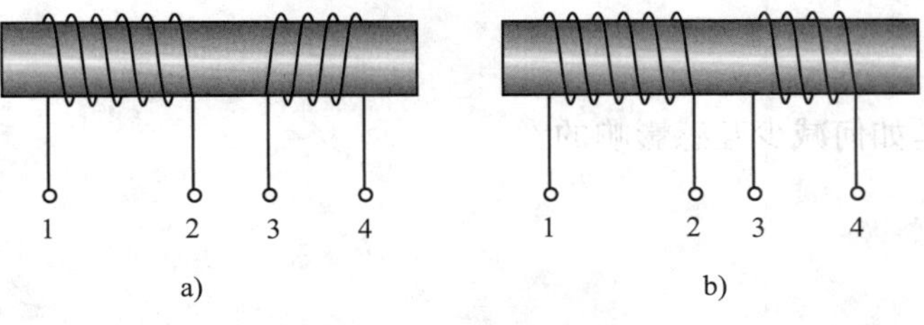

图 2–18

3. 用判断同名端的方法，确定图 2-19a 中 S 断开瞬间互感电动势的极性，以及图 2-19b 中 S 闭合瞬间互感电动势的极性。

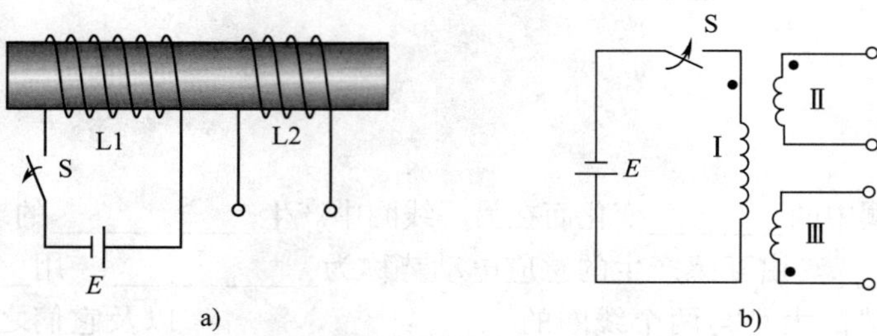

图 2-19

4. 如图 2-20 所示，在线圈 A 通电瞬间、电流增大、电流减小以及断开瞬间 4 种情况下，线圈 B 中能否产生感应电流？方向如何？

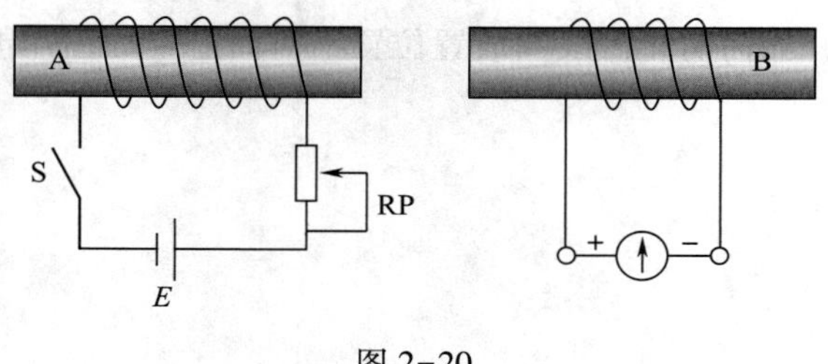

图 2-20

5. 磁屏蔽罩是如何减少互感影响的？

模块三　交流电路

课题一　正弦交流电的基本知识

一、填空题

1. 直流电的方向__________的变化而变化；交流电的方向__________的变化而变化，正弦交流电则是大小和方向按____________变化的交流电。

2. 交流电的周期是指___________________________________，用符号________表示，其单位为________；交流电的频率是指______________________________________，用符号________表示，其单位为__________。它们的关系是____________。

3. 我国动力和照明用电的标准频率为__________Hz，习惯上称为工频，其周期是________s，角频率是________rad/s。

4. 正弦交流电的三要素是__________、__________和____________。

5. 有效值与最大值之间的关系为_____________________，有效值与平均值之间的关系为_____________________。在交流电路中通常用__________值进行计算。

6. 已知一正弦交流电流 $i=\sin\left(314t-\dfrac{\pi}{4}\right)$ A，则该交流电的最大值为________，有效值为________，频率为________，周期为________，初相位为__________。

7. 把阻值为 R 的电阻接入 2 V 的直流电路中，其消耗的功率为 P；如果把阻值为 R 的电阻接到最大值为 2 V 的交流电路中，它消耗的功率为__________。

8. 常用的表示正弦量的方法有__________表示法、__________表示法和__________表示法，它们都能将正弦量的三要素准确地表示出来。

9. 作相量图时，通常取______（顺、逆）时针转动的角度为正；同一相量图中，相同物理量的相量应按____________画出。

10. 用相量表示正弦交流电后，它们的加、减运算可按______________法则进行。

二、判断题

1. 交流电是指大小随时间作周期性变化的电动势。（　　）

2. 解析式表示法是用三角函数式来表示正弦交流电随时间变化的关系。（　　）

3. 用交流电表测得的交流电的数值是平均值。（　　）

4. 式 $e=E_m\sin(\omega t+\varphi_0)$ 称为交流电的瞬时值表达式，也称为解析式。（　　）

5. 频率是指交流电在 1 min 内重复变化的次数。（　　）

6. 一只额定电压为 220 V 的白炽灯，可以接到最大值为 311 V 的交流电源上。（　　）

7. 常用工频交流电的频率为 50 Hz，其周期是 0.02 s。（　　）

8. 相位差就是两个同频率正弦交流电的初相位之差。（　　）

9. 让交流电和直流电分别通过阻值完全相同的电阻，如果在相同的时间内这两种电流产生的热量相等，就把此直流电的数值定义为该交流电的有效值。（　　）

三、选择题

1. 正弦交流电动势的最大值通常用（　　）表示。

A. E　　B. e　　C. E_p　　D. E_m

2. 某正弦交流电的周期是 0.02 s，则它的频率一定是（　　）Hz。

A. 25　　B. 50　　C. 60　　D. 0.02

3. 交流电的频率越高，说明交流电变化得（　　）。

A. 越快　　B. 越慢　　C. 无法判断　　D. 不变

4. 某正弦交流电压波形如图 3-1 所示，其瞬时值表达式为（　　）。

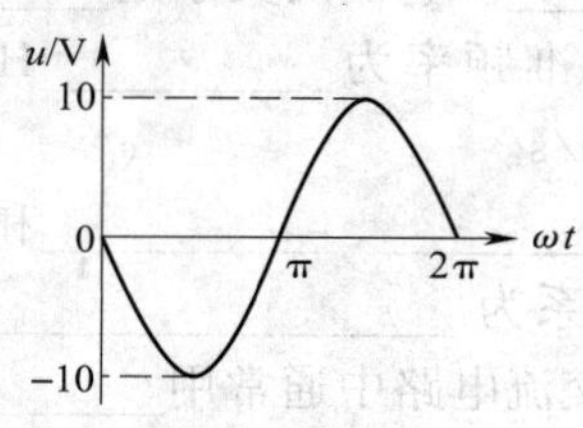

图 3-1

A. $u=10\sin\left(\omega t-\dfrac{\pi}{2}\right)$ V　　B. $u=-10\sin\left(\omega t-\dfrac{\pi}{2}\right)$ V

C. $u=10\sin(\omega t+\pi)$ V　　D. $u=-10\sin\left(\omega t+\dfrac{\pi}{2}\right)$ V

5. 已知两个正弦量为 $u_1=20\sin\left(314t+\dfrac{\pi}{6}\right)$ V，$u_2=40\sin\left(314t-\dfrac{\pi}{3}\right)$ V，则（　　）。

A. u_1 比 u_2 超前 30°　　B. u_1 比 u_2 滞后 30°

C. u_1 比 u_2 超前 90°　　D. 不能判断相位差

6. 下列关系式不成立的是（　　）。

A. $\omega=2\pi f$　　B. $\omega=2\pi/T$　　C. $\omega=2\pi T$　　D. $T=1/f$

7. 在图 3-2 所示相量图中，交流电压 u_1 和 u_2 的相位关系是（　　）。

图 3-2

A. u_1 比 u_2 超前 75°　　B. u_1 比 u_2 滞后 75°

C. u_1 比 u_2 超前 30°　　D. 无法确定

8. 同一相量图中的两个正弦交流电，(　　) 必须相同。

A. 有效值　　B. 初相位　　C. 频率　　D. 最大值

四、简答题

1. 让 8 A 的直流电流和最大值为 10 A 的交流电流分别通过阻值相同的电阻，则相同时间内，哪种情况下电阻发热量最大？为什么？

2. 一个电容器只能承受 1 000 V 的直流电压，能否接到有效值为 1 000 V 的交流电路中使用？为什么？

3. 三个交流电的电压瞬时值分别为 $u_1=311\sin 314t$ V，$u_2=537\sin\left(314t+\frac{\pi}{2}\right)$ V，$u_3=156\sin\left(314t-\frac{\pi}{2}\right)$ V。

（1）这三个交流电有哪些不同之处？它们又有哪些共同之处？

（2）在同一坐标平面内画出它们的正弦曲线。

（3）指出它们的相位关系。

4. 正弦交流电的三要素是什么？已知某正弦交流电流的三要素分别为 $I_m=5$ A，$f=50$ Hz，$\varphi_0=-45°$。写出该正弦交流电流的解析式。

五、计算题

1. 已知某正弦交流电动势的最大值为 220 V，频率为 50 Hz，初相位为 30°，写出此电动势的解析式，绘出波形图，并求出 $t=0.01$ s 时的瞬时值。

2. 图 3-3 所示是一个按正弦规律变化的交流电流的波形图，试根据波形图指出它的周期、频率、角频率、初相位、有效值，并写出它的解析式。

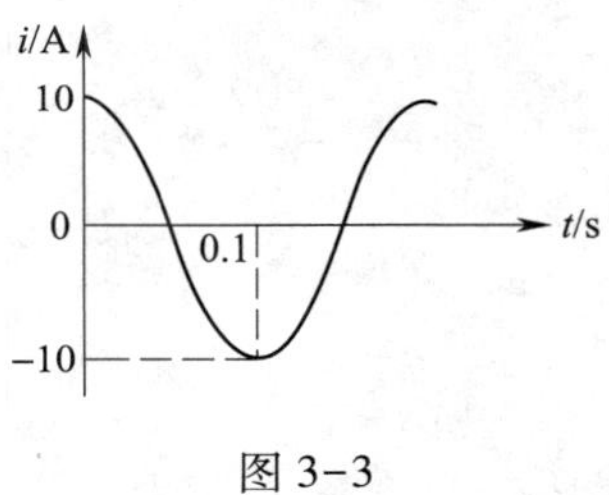

图 3-3

3. 已知正弦交流电压 $u=110\sin(314t+120°)$ V，正弦交流电流 $i=5\sin(314t+30°)$ A，求电压与电流的相位差，并说明它们之间的相位关系。

4. 已知某正弦交流电压的解析式为 $u=220\sqrt{2}\sin(314t-45°)$ V，则：

（1）该正弦交流电压的 U_m、U、U_p、ω、f、T、φ_0 各为多少？

（2）当 $t=0$ 和 $t=0.01$ s 时，电压的瞬时值各是多少？

（3）该正弦交流电压的三要素是多少？

5. 画出下列两组正弦量的相量图，并求其相位差，指出它们的相位关系。

（1）$u_1=20\sin\left(314t+\frac{\pi}{6}\right)$ V，$u_2=40\sin\left(314t-\frac{\pi}{3}\right)$ V

（2）$i_1=4\sin\left(314t+\frac{\pi}{2}\right)$ A，$i_2=8\sin\left(314t-\frac{\pi}{2}\right)$ A

课题二　纯电阻、纯电感和纯电容交流电路

任务1　探究纯电阻交流电路

一、填空题

1. 交流电路中，把________起主要作用，而______和______均可忽略不计的电路称为纯电阻交流电路。

2. 在纯电阻交流电路中，电压有效值与电流有效值之间的关系为____________，电压与电流在相位上的关系为____________。

3. 在纯电阻交流电路中，已知端电压 $u=311\sin(314t+30°)$ V，电阻 $R=10\ \Omega$，那么电流 $i=$__________________A，电压与电流的相位差 $\varphi=$__________，电阻上消耗的功率 $P=$________W。

4. 平均功率是指电阻在交流电的____________内消耗功率的___________，又称为__________。

5. 在任一瞬间，电阻中电流瞬时值与同一瞬间电阻两端电压的瞬时值的乘积，称为电阻获取的____________。电阻获取的瞬时功率总是大于等于______的，说明电阻是一种________元件。

二、判断题

1. 在纯电阻交流电路中，电流与电压的瞬时值满足欧姆定律。（　）
2. 在纯电阻交流电路中，电流与电压的最大值不满足欧姆定律。（　）
3. 在纯电阻交流电路中，电流与电压的有效值满足欧姆定律。（　）
4. 电阻是储能元件。（　）

三、选择题

1. 正弦交流电流通过电阻元件时，下列关系式正确的是（　）。

A. $I_m=\dfrac{U}{R}$　　B. $I=\dfrac{U}{R}$　　C. $i=\dfrac{U}{R}$　　D. $I=\dfrac{U_m}{R}$

2. 在纯电阻交流电路中，无功功率等于（　）。

A. 平均功率　　B. 最大功率　　C. 有功功率　　D. 零

3. 已知一个电阻上的电压 $u=10\sqrt{2}\sin\left(314t-\dfrac{\pi}{2}\right)$ V，测得电阻上所消耗的功率为

20 W，则这个电阻的阻值为（　　）Ω。

A. 5　　B. 10　　C. 40　　D. 50

4. 以（　　）为负载组成的交流电路，可近似看成纯电阻交流电路。

A. 白炽灯　　B. 电动机　　C. 电磁铁　　D. 空心线圈

四、计算题

1. 把一个“220 V/25 W”的灯泡接在 $u=220\sqrt{2}\sin(314t+60°)$ V 的交流电源上。

（1）求灯泡的电阻。

（2）写出电流的瞬时值表达式。

（3）画出电压、电流的相量图。

2. 把一个 $R=11\ \Omega$ 的电阻接在 $u=220\sqrt{2}\sin(314t+30°)$ V 的交流电源上。

（1）求电流的有效值，写出电流的解析式。

（2）求电路的有功功率。

（3）画出电压和电流的相量图。

3. 现有一个“220 V/300 W”的电炉，如果把它接在 $u=110\sqrt{2}\sin\omega t$ V 的电源上，求此时通过这个电炉的电流和电炉所消耗的功率。

任务 2　探究纯电感交流电路

一、填空题

1. 以______________为负载组成的交流电路，称为纯电感交流电路。

2. 在纯电感交流电路中，电压有效值与电流有效值之间的关系为________，电压与电流在相位上的关系为______________。

3. 感抗表示______对______的______作用，感抗与频率成______比，其值 $X_L=$______________，单位是______；若线圈的电感为 0.6 H，把线圈接在频率为 50 Hz 的交流电路中，$X_L=$______Ω。

4. 一个纯电感线圈若接在直流电源上，其感抗 $X_L=$______Ω，电路相当于______。

5. 在纯电感交流电路中，用瞬时功率的最大值来反映电感与电源之间能量转换的规模，称为________，用______表示，单位是______。

6. 在纯电感交流电路中，有功功率 $P=$______ W，无功功率 $Q_L=$______=______=______。

7. 在一个周期内，纯电感交流电路的平均功率为______，说明纯电感交流电路中______能量损耗，只有______周期性的交换，因此，电感元件是一种______元件。

二、判断题

1. 电动机、变压器都可近似认为是纯电感交流电路。 (　　)

2. 在纯电感交流电路中，电压滞后于电流 90°。 (　　)

3. 感抗的大小与频率成正比，即频率越高，感抗越大。 (　　)

4. 在纯电感交流电路中，通常用瞬时功率的最大值来表示有功功率的大小。 (　　)

5. 扼流圈是利用电感对交流电的阻碍作用制成的。 (　　)

三、选择题

1. 在纯电感交流电路中，已知电流的初相位为-30°，则电压的初相位为（　　）。

A. 30° B. 60° C. 90° D. 120°

2. 电感器在电路中的主要作用是（ ）。

A. 阻直流，通交流 B. 通直流，阻交流

C. 产生无功功率 D. 消耗无功功率

3. 在纯电感交流电路中，当电流 $i=\sqrt{2}I\sin 314t$ A 时，电压（ ）。

A. $u=\sqrt{2}IL\sin\left(314t+\dfrac{\pi}{2}\right)$ V B. $u=\sqrt{2}I\omega L\sin\left(314t-\dfrac{\pi}{2}\right)$ V

C. $u=\sqrt{2}I\omega L\sin\left(314t+\dfrac{\pi}{2}\right)$ V D. $u=\sqrt{2}I_{m}\omega L\sin\left(314t+\dfrac{\pi}{2}\right)$ V

4. 在纯电感交流电路中，电压有效值不变，增加电源频率时，电路中电流（ ）。

A. 增大 B. 减小 C. 不变 D. 不一定

5. 下列关于无功功率的说法，正确的是（ ）。

A. 无功功率是无用的功率

B. 无功功率是电感元件建立磁场能量的平均功率

C. 无功功率等于电感元件与外电路进行能量交换的瞬时功率的最大值

D. 无功功率表示无用功率的大小

四、计算题

1. 把一个 $L=63.5$ mH 的电感线圈（其电阻忽略不计）接在 $u=220\sqrt{2}\sin(314t+30°)$ V 的交流电源上。

（1）求通过线圈电流的有效值，写出电流的解析式。

（2）求电路的无功功率和有功功率。

（3）画出电压和电流的相量图。

2. 已知一个电感线圈通过 50 Hz 的电流时，其感抗为 10 Ω，电压和电流的相位差为 90°，当频率升高至 500 Hz 时，其感抗是多少？电压与电流的相位差是多少？

3. 将一个 $L=0.5$ H 的线圈接到电压为 220 V、频率为 50 Hz 的交流电源上，求线圈中的电流和功率。当电源频率变为 100 Hz 时，其他条件不变，线圈中的电流和功率又是多少？

任务3　认识电容器

一、填空题

1. 两个________________________的导体组成一个电容器。这两个导体称为电容器的两个________，中间的绝缘材料称为电容器的__________。

2. 使电容器________的过程称为充电；充电后的电容器__________的过程称为放电。电容的单位是________，比它小的单位有________和________，它们之间的换算关系为______________________。

3. 电容量是电容器的固有属性，它只与电容器的____________、____________以及______________________有关，而与____________等外部条件无关。

4. 电容器的主要参数包括______和______。

5. 电容器的基本特性是能够__________和__________。

6. 在图 3-4 所示电路中，电源电动势为 E，内阻不计，C 是一个电容量很大的未充电的电容器。当 S 合向 1 时，电源向电容器________，这时白炽灯 HL 开始________，然后逐渐________，从电流表上可观察到充电电流在________，而从电压表可以观察到电容器两端电压________。经过一段时间后，白炽灯 HL________，电流表计数为________，电压表计数为________。

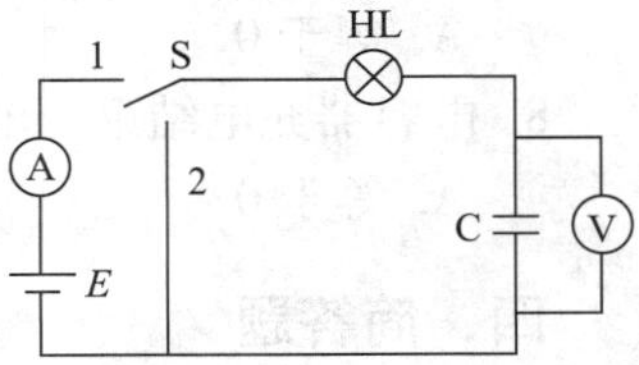

图 3-4

二、判断题

1. 实际上任何两个相互绝缘的导体之间都存在着电容。 （ ）
2. 平行板电容器的电容量与所存储的电量成正比。 （ ）
3. 由公式 $C=\dfrac{Q}{U}$ 可以看出，当 $Q=0$ 时，电容量 C 也等于 0。 （ ）
4. 电容器是一种储能元件。 （ ）
5. 电容器具有隔直流、通交流的作用。 （ ）
6. 平行板电容器的相对极板面积增大，其电容量也增大。 （ ）
7. 有两个电容器，且 $C_1>C_2$，如果它们两端的电压相等，则 C1 所带电量较多。（ ）
8. 有两个电容器，且 $C_1>C_2$，若它们所带的电量相等，则 C1 两端电压较高。（ ）

三、选择题

1. 平行板电容器的电容量与外加电压和所存储的电量（ ）。

   A. 成正比　B. 成反比　C. 无关　D. 有一定关系

2. 衡量电容器存储电荷本领大小的物理量是（ ）。

   A. 电压　B. 电流　C. 电阻　D. 电容量

3. 一般情况下，输电线距离越长，线间电容量（ ）。

   A. 越大　B. 越小　C. 为零　D. 不存在

4. 照相机的闪光灯是利用电容器（ ）的原理制成的。

   A. 隔直通交　B. 隔交通直　C. 充放电　D. 短路放电

5. 下列关于电容器的说法，正确的是（ ）。

   A. 电容器与电源进行能量的转换，本身也要消耗能量

   B. 电容器本身只消耗能量，不与电源进行能量的转换

   C. 电容器只与电源进行能量的转换，本身并不消耗能量

   D. 电容器是耗能元件

6. 电容器充电过程中，（ ）。

   A. 电压逐渐增大，电流逐渐减小　B. 电压逐渐减小，电流逐渐增大

   C. 电压、电流逐渐减小　D. 电压、电流逐渐增大

7. 电容器充电开始瞬间，充电电流（　　）。

A. 等于 0　　　　B. 逐渐增大　　　　C. 最大　　　　D. 逐渐减小

8. 电容器充电结束，电容器两端电压（　　）。

A. 等于 0　　　　B. 最大　　　　C. 逐渐增大　　　　D. 逐渐减小

四、简答题

1. 根据公式 $C=\frac{Q}{U}$，有人认为电容器上所加电压越大，电容量就越小。这种说法正确吗？为什么？

2. 在下列情况下，空气平行板电容器的电容量、两极板间电压、电容器储存的电荷量各有什么变化？

（1）充电后保持与电源相连，将极板正对面积增大一倍。

（2）充电后保持与电源相连，将两极板间距增大一倍。

（3）充电后与电源断开，再将两极板间距增大一倍。

（4）充电后与电源断开，再将极板正对面积缩小一半。

（5）充电后与电源断开，在两极板间插入相对介电常数 $\varepsilon_r=4$ 的电介质。

3. 什么是电容器的额定工作电压？如何确定在交流电路中工作的电容器的额定电压？

五、计算题

1. 一只电容器的电容量为 1.5×10^{-4} μF，将其接在电压为 100 V 的直流电源上时，该电容器储存的电荷量是多少？

2. 已知某电容器两端的电压为 220 V 时，每一极板上的电荷量为 1.1×10^{-5} C，求电容器的电容量。

任务 4　探究纯电容交流电路

一、填空题

1. 在纯电容交流电路中，电压有效值与电流有效值之间的关系为____________，电压与电流在相位上的关系为________________。

2. 容抗是表示________对________的________作用的物理量，容抗与频率成______比，其值 $X_C=$________________，单位是________。100 pF 的电容器对 10^6 Hz 的高频电流和 50 Hz 的工频电流的容抗分别是________和________。

3. 在纯电容交流电路中，有功功率 $P=$________W，无功功率 $Q_L=$________=________=________。

4. 一个电容器接在直流电源上，其容抗 $X_C=$__________，电路稳定后相当于________。

5. 在纯电容交流电路中，用瞬时功率的最大值来反映电容器与电源之间能量交换的规模，称为__________，用________表示，单位是________。

6. 在正弦交流电路中，已知流过电容器的电流 $I=10$ A，电压 $u=20\sqrt{2}\sin 1\,000t$ V，则电流 $i=$____________________，容抗 $X_C=$________，电容量 $C=$________，无功功率 $Q_C=$________。

二、判断题

1. 在纯电容交流电路中，电流与电压的瞬时值和有效值满足欧姆定律。（　　）
2. 在纯电容交流电路中，通常用瞬时功率的有效值来表示无功功率的大小。（　　）
3. 在纯电容交流电路中，电流滞后于电压 90°。（　　）
4. 纯电容交流电路的电流实际上是电容器的充放电电流。（　　）
5. 容抗的大小与频率成反比，即频率越高，容抗越小。（　　）
6. 电容器是一种储能元件，它实际上不消耗电能，有功功率等于零。（　　）

三、选择题

1. 在纯电容交流电路中，增大电源频率时，其他条件不变，电路中电流将（　　）。

A. 增大　　B. 减小　　C. 不变　　D. 随意变化

2. 在纯电容交流电路中，若频率一定，则（　　）。

A. 电容量越大，电路中电流越小

B. 电容量越大，电路中电流越大

C. 电流的大小与电容量的大小无关

D. 电流的大小与电容量的大小呈随机关系

3. 在纯电容交流电路中，当电流 $i_C=\sqrt{2}I\sin\left(314t+\frac{\pi}{2}\right)$ A 时，电容器两端的电压为（　　）。

A. $u_C=\sqrt{2}I\omega C\sin\left(314t+\frac{\pi}{2}\right)$ V　　B. $u_C=\sqrt{2}I\omega C\sin 314t$ V

C. $u_C=\sqrt{2}I\frac{1}{\omega C}\sin 314t$ V　　D. $u_C=\sqrt{2}I\frac{1}{\omega C}\sin\left(314t-\frac{\pi}{2}\right)$ V

4. 若电路中某元件两端的电压 $u=36\sin\left(314t-\frac{\pi}{2}\right)$ V，电流 $i=4\sin 314t$ A，则该元件

是（　　）。

A. 电阻器　　B. 电感器

C. 电容器　　D. 电阻器和电容器串联

5. 加在容抗为 100 Ω 的电容器两端的电压 $u_C=100\sin\left(\omega t-\frac{\pi}{3}\right)$ V，则通过它的电流应是（　　）。

A. $i_C=\sin\left(\omega t+\frac{\pi}{3}\right)$ A　　B. $i_C=\sin\left(\omega t+\frac{\pi}{6}\right)$ A

C. $i_C=\sqrt{2}\sin\left(\omega t+\frac{\pi}{3}\right)$ A　　D. $i_C=\sqrt{2}\sin\left(\omega t+\frac{\pi}{6}\right)$ A

四、计算题

1. 把一个 $C=58.5$ μF 的电容器，分别接到电压为 220 V、频率为 50 Hz 和电压为 220 V、频率为 500 Hz 的电源上，求两种情况下电容器的容抗和电流的有效值。

2. 在一个 1 μF 电容器两端加 $u=220\sqrt{2}\sin(314t-30°)$ V 的交流电压。

（1）求通过电容器的电流有效值，写出电流的解析式。

（2）求电路的无功功率和有功功率。

（3）画出电压和电流的相量图。

3. 电容器的电容量 $C=40\ \mu F$，把它接到 $u=220\sqrt{2}\sin\left(314t-\frac{\pi}{3}\right)$ V 的交流电源上。

（1）求电容器的容抗。

（2）求电流的有效值。

（3）写出电流的瞬时值表达式。

（4）作出电流、电压相量图。

（5）求电路的无功功率。

课题三　RLC 串联电路和谐振电路

任务 1　探究 RLC 串联电路

一、填空题

1. 在 RLC 串联电路中，$I=$________，$Z=$________________，$\varphi=$______________$=$________________，视在功率 $S=$____________，有功功率 $P=$______________，无功功率 $Q=$________________。

2. RLC 串联电路的阻抗性质有________、________、________三种。

3. 电感性电路的 X_L______X_C，U_L______U_C，阻抗角 φ______0。

4. 电阻性电路的 X_L______X_C，U_L______U_C，阻抗角 φ______0。

5. 在 RL 串联交流电路中，已知电阻 $R=6\ \Omega$，感抗 $X_L=8\ \Omega$，则电路阻抗 $Z=$____________Ω，总电压_____________电流，相位差 $\varphi=$_____________。如果电压 $u=20\sqrt{2}\sin\left(314t+\frac{\pi}{6}\right)$ V，则电流 $i=$________________________，电阻上电压 $U_R=$________，电感上电压 $U_L=$________。

6. 一个电感线圈接到电压为 120 V 的直流电源上，测得电流为 20 A；接到频率为 50 Hz、电压为 220 V 的交流电源上，测得电流为 28.2 A，则电感线圈的 $R=$________Ω，$L=$______mH。

二、判断题

1. 电压三角形、阻抗三角形和功率三角形都是相量三角形。（　　）
2. 视在功率的单位是瓦特。（　　）
3. 在 RLC 串联电路中，总的无功功率是电感和电容上的无功功率之差。（　　）
4. 功率因数=有功功率/(有功功率+无功功率)。（　　）
5. 电压三角形、阻抗三角形和功率三角形是相似三角形。（　　）

三、选择题

1. 若 RLC 串联电路的参数如下，则其中（　　）属于电感性电路。

A. $R=5\ \Omega$，$X_L=7\ \Omega$，$X_C=4\ \Omega$　　B. $R=5\ \Omega$，$X_L=4\ \Omega$，$X_C=7\ \Omega$

C. $R=5\ \Omega$，$X_L=4\ \Omega$，$X_C=4\ \Omega$　　D. $R=5\ \Omega$，$X_L=5\ \Omega$，$X_C=5\ \Omega$

2. 在 RLC 串联电路中，若 $X_L=X_C$，则电路为（　　）电路。

A. 电阻性　　B. 电感性　　C. 电容性　　D. 不确定

3. 白炽灯与电容器组成的电路如图 3-5 所示，由交流电源供电，如果交流电的频率减小，则电容器的（　　）。

A. 电容增大　　B. 电容减小

C. 容抗增大　　D. 容抗减小

4. 给两个同规格的无铁芯线圈，分别加上 220 V 的直流电压与 220 V 的交流电压，可以发现（　　）。

A. 由于是同规格元件，且 $U_{直}=U_{交}$，所以发热一样快

B. 无法比较两线圈发热的快慢

C. 加交流电压时发热快

D. 加直流电压时发热快

5. 白炽灯与线圈组成的电路如图 3-6 所示，由交流电源供电，如果交流电的频率增大，则线圈的（　　）。

A. 电感增大　　B. 电感减小

C. 感抗增大　　D. 感抗减小

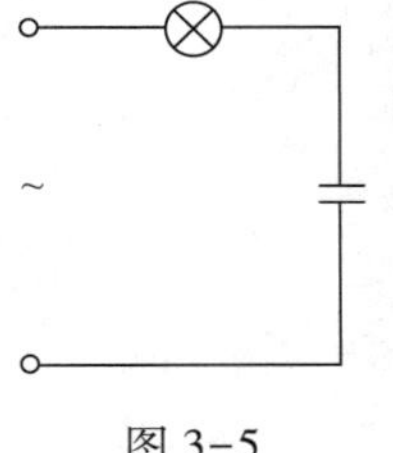

图 3-5

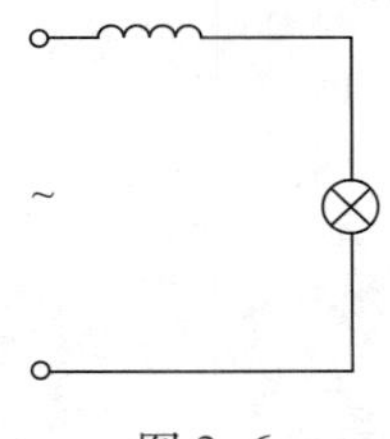

图 3-6

6. 如图 3-7 所示，三只灯泡均正常发光，当电源电压不变、频率 f 变小时，灯泡的亮度变化情况是（　　）。

A. HL1 不变，HL2 变暗，HL3 变暗

B. HL1 变亮，HL2 变亮，HL3 变暗

C. HL1、HL2、HL3 均不变

D. HL1 不变，HL2 变亮，HL3 变暗

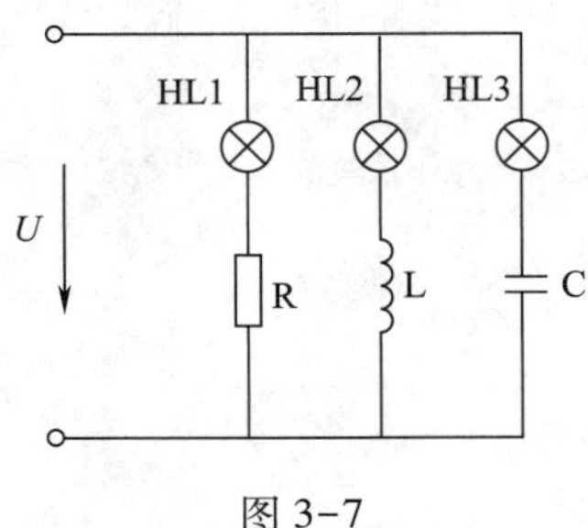

图 3-7

四、简答题

1. 如图 3-8 所示，三个电路中的电源和灯泡是相同的，灯泡都能发光，哪种情况下灯泡最亮？哪种情况下灯泡最暗？为什么？

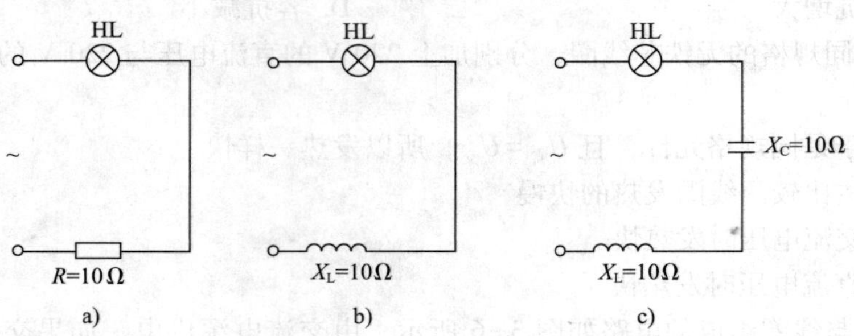

图 3-8

2. 白炽灯与铁芯线圈串联的实验电路（见图 3-9）中，用万用表的交流电压挡测量电路各部分的电压，测得的结果如下：电路端电压 $U = 220$ V，白炽灯两端电压 $U_1 = 110$ V，铁芯线圈两端电压 $U_2 = 190$ V，$U_1 + U_2 > U$。怎样解释这个实验结果？

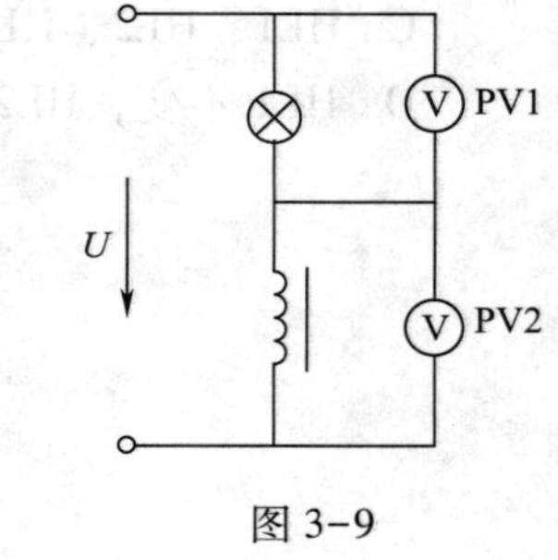

图 3-9

五、计算题

1. 把一个电阻为 20 Ω、电感为 48 mH 的线圈接到 $u=220\sqrt{2}\sin\left(314t+\frac{\pi}{2}\right)$ V 的交流电源上。

（1）求线圈的感抗。

（2）求线圈的阻抗。

（3）求电流的有效值。

（4）写出电流的瞬时值表达式。

（5）求线圈的有功功率、无功功率和视在功率。

2. 把一个阻值为 60 Ω 的电阻和一个电容量为 125 μF 的电容串联后接到 $u=110\sqrt{2}\sin\left(100t+\frac{\pi}{2}\right)$ V 的交流电源上。

（1）求电容的容抗。

（2）求电路的阻抗。

（3）求电流的有效值。

（4）写出电流的瞬时值表达式。

（5）求电路的有功功率、无功功率和视在功率。

（6）求电路的功率因数。

（7）若将该 RC 串联电路改接到 110 V 直流电源上，则电路中电流为多少？

3. 把一个线圈和一个电容串联后接到 $u=220\sqrt{2}\sin\left(314t+\frac{\pi}{4}\right)$ V 的交流电源上，已知 $i=44\sqrt{2}\sin(314t+82°)$ A，求：

（1）电路的阻抗。

（2）电路的有功功率、无功功率和视在功率。

4. 已知 RLC 串联电路中的 $R=20\ \Omega$，$L=63.5\ \text{mH}$，$C=80\ \mu\text{F}$，电源电压 $u=311\sin(314t+15°)$ V，求：

（1）电路中的电流。

（2）各元件上的电压。

（3）电路的有功功率、无功功率、视在功率及功率因数。

任务 2　探究 RLC 串联谐振电路

一、填空题

1. 在具有电感和电容的电路中，如果电流和电压达到同________，则电路就会产生________现象。谐振分为________谐振和________谐振两种。

2. 发生谐振的 RLC 串联电路呈现________性。

3. 由于串联谐振会在电感、电容上产生__________，所以串联谐振又称为________谐振。

4. 谐振时 $U_L = U_C$ 说明，电源只提供________消耗的电能，电路与电源间不再发生____________，但是电感和电容间却在进行着________能和________能的相互转换。

二、判断题

1. 串联谐振的频率只取决于电路参数 L 和 C 的数值，而与 R 无关。（　　）

2. 串联谐振电路在电子电路中常被用来作选频电路。（　　）

3. 电力系统应尽量避免串联谐振。（　　）

4. 串联谐振时电流最大，且与电压同相位。（　　）

三、简答题

1. 串联谐振的条件是什么？

2. 串联谐振电路有哪些特点？

四、计算题

1. 某晶体管收音机输入回路的自感系数 $L = 310\ \mu H$，欲收听频率为 540 kHz 的电台信号，电容器的电容量应为多少？

2. 在 RLC 串联电路中，已知 $R = 10\ \Omega$，$L = 0.1\ mH$，$C = 100\ pF$，求电路的谐振频率。

任务3　探究 RLC 并联谐振电路

一、填空题

1. RLC 并联电路的阻抗性质有________、________和________三种。

2. 实际的并联谐振电路往往由一个____________与一个________并联。当________时，总电流与电压________，这种现象称为____________。

3. LC 并联谐振的条件是____________，谐振频率为____________。

4. 并联谐振电路发生谐振时，电路中总阻抗最________，且呈________性；总电流最________，且与________同相。

5. RLC 并联电路发生谐振时，电感或电容支路电流会____________总电流，所以并联谐振又称为______________。

二、判断题

1. 并联谐振时，电感支路和电容支路的电流大小近似相等，方向近似相反，且为总电流的 Q 倍，Q 称为电路的品质因数。（　）

2. 在电子电路中，并联谐振电路主要被用来组成振荡器和选频器。（　）

3. 一般电路的 Q 值可达几十到数百。 (　　)

4. 在 LC 并联的电路中，改变电容使电路发生谐振时，电容支路电流等于总电流。(　　)

三、简答题

1. 并联谐振电路有哪些特点？并联谐振在电子电路中有哪些应用？

2. 比较串、并联谐振电路的特点，完成表 3-1 的填写。

表 3-1　　串、并联谐振电路的特点

项目	X_L 与 X_C 的大小关系	总阻抗	总电流（压）	品质因数	电路性质	谐振频率
串联谐振						
并联谐振						

课题四　三相交流电路

任务 1　认识三相交流电源

一、填空题

1. 三相交流电源是由三个大小________、频率________、相位互差________电角度的电动势组成的电源。

2. 三相对称电动势到达最大值的先后顺序称为三相交流电的________。习惯上的正相序为____________，否则为逆相序。

3. 由三根________线和一根________线组成的供电线路，称为三相四线制电网。

4. 三相四线制供电系统可输出两种电压，即________电压和________电压。这两种电压的数值关系是_____________，并且________电压总是________对应的________电压________。

5. 已知三相对称交流电源的 $e_U = E_m \sin(314t+30°)$ V，那么其余两相电动势分别为 $e_V =$________________________V，$e_W =$________________________V。

6. 在三相负载不对称的低压供电系统中，不准在中线上安装________或________，而且中线常用______________制成，以免中线________而引起事故。

二、判断题

1. 三相四线制供电系统的优点是能同时输出两种电压。（　　）

2. 一个三相四线制供电线路中，若相电压为 220 V，则电路线电压为 311 V。（　　）

3. 两根相线之间的电压称为相电压。（　　）

4. 三相交流电源是由频率、有效值、相位都相同的三个单相交流电源按一定方式组合而成的。（　　）

5. 三相对称电动势在任一瞬间的代数和为零。（　　）

三、选择题

1. 三相交流电相序 U→W→V→U 属于（　　）。

A. 正相序　　B. 逆相序　　C. 零相序　　D. 无法确定

2. 在图 3-10 所示三相四线制电源中，用电压表测量电源线的电压以确定零线，测量结果为 $U_{12}=380$ V，$U_{23}=220$ V，则（　　）为零线。

A. 2 号　　B. 3 号　　C. 4 号　　D. 1 号

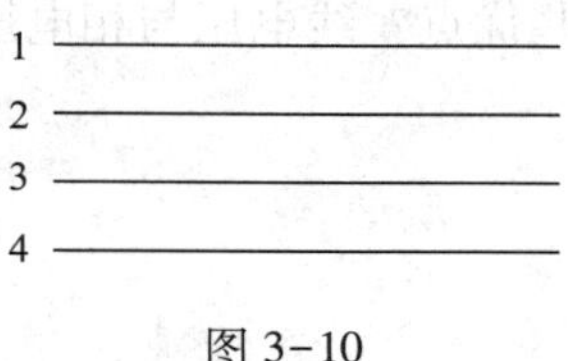

图 3-10

3. 目前大容量的低压供电系统多采用（　　）供电系统。

A. 三相三线制　　B. 三相四线制　　C. 单相制　　D. 都可以

4. 三相交流电的 U 相、V 相、W 相分别用（　　）颜色表示。

A. 绿、红、黄　　B. 红、绿、黄　　C. 绿、黄、红　　D. 黄、绿、红

5. 在三相低压供电系统中，当三相负载不对称时，若中线断开，会使负载阻抗大的相电压（　　），造成线路中的电器不能正常工作。

A. 降低　　B. 升高　　C. 不变　　D. 不确定

6. 已知三相对称电压中，V 相电压 $u_{\mathrm{V}}=220\sqrt{2}\sin(314t+\pi)$ V，则 U 相和 W 相电压分别为（　　）。

A. $u_{\mathrm{U}}=220\sqrt{2}\sin\left(314t+\dfrac{\pi}{3}\right)$ V，$u_{\mathrm{W}}=220\sqrt{2}\sin\left(314t-\dfrac{\pi}{3}\right)$ V

B. $u_{\mathrm{U}}=220\sqrt{2}\sin\left(314t-\dfrac{\pi}{3}\right)$ V，$u_{\mathrm{W}}=220\sqrt{2}\sin\left(314t+\dfrac{\pi}{3}\right)$ V

C. $u_{\mathrm{U}}=220\sqrt{2}\sin\left(314t+\dfrac{2\pi}{3}\right)$ V，$u_{\mathrm{W}}=220\sqrt{2}\sin\left(314t-\dfrac{2\pi}{3}\right)$ V

D. $u_{\mathrm{U}}=220\sqrt{2}\sin\left(314t-\dfrac{2\pi}{3}\right)$ V，$u_{\mathrm{W}}=220\sqrt{2}\sin\left(314t+\dfrac{2\pi}{3}\right)$ V

四、简答题

1. 如果给你一支验电笔或者一个量程为 500 V 的交流电压表，你能确定三相四线制供电线路中的相线和中线吗？说出所用方法。

2. 三相四线制供电系统有哪些优点？线电压与相电压之间有什么关系？

任务2 探究三相负载的连接方式

一、填空题

1. 根据负载____________不同，三相负载的联结分为________联结和________联结两种，目的是使负载实际承受的电压与负载的额定电压________，以保证三相负载________________。

2. 三相对称负载作星形联结时，$U_{\text{Y线}}=$________$U_{\text{Y相}}$，且$I_{\text{Y线}}$________$I_{\text{Y相}}$，此时中线电流为________。

3. 三相对称负载作三角形联结时，$U_{\triangle\text{线}}$________$U_{\triangle\text{相}}$，且$I_{\triangle\text{线}}=$________$I_{\triangle\text{相}}$，各线电流比相应的相电流__________。

4. 不对称星形负载的三相电路，必须采用__________供电，中线不准安装________和__________。

5. 某三相对称负载，每相负载的额定电压为220 V，当三相对称电源的线电压为380 V时，负载应作__________联结；当三相对称电源的线电压为220 V时，负载应作________联结。

6. 三相对称电源线电压$U_L=380$ V，对称负载每相阻抗$Z=10\ \Omega$，若接成星形，则线电流$I_{\text{线}}=$________A；若接成三角形，则线电流$I_{\text{线}}=$________A。

7. 三相对称负载无论接成星形还是三角形，总有功功率均为$P=$____________，无功功率均为$Q=$____________，视在功率均为$S=$____________。

8. 图3-11所示为三相对称负载，若电压表PV1的读数为380 V，则电压表PV2的读数为________；若电流表PA1的读数为10 A，则电流表PA2的读数为________。

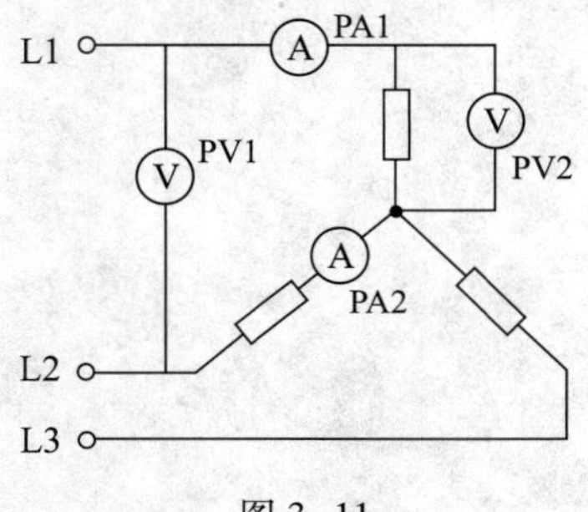

图3-11

9. 图 3-12 所示为三相对称负载，若电压表 PV1 的读数为 380 V，则电压表 PV2 的读数为________；若电流表 PA1 的读数为 10 A，则电流表 PA2 的读数为________。

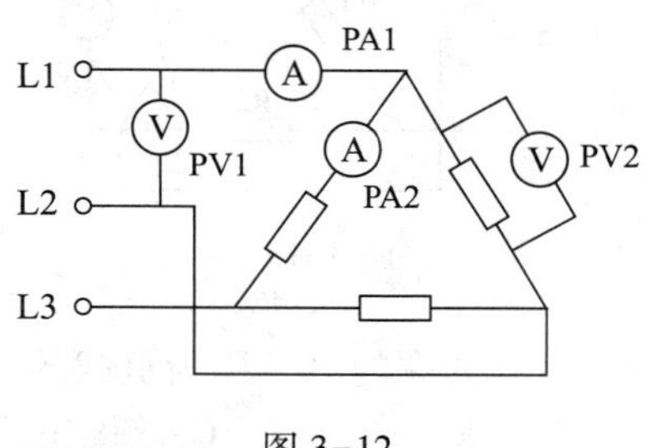

图 3-12

二、判断题

1. 负载作三角形联结时的相电流是指相线中的电流。 ( )

2. 三相对称负载作三角形联结，若每相负载的阻抗为 10 Ω，接在线电压为 380 V 的三相交流电路中，则电路的线电流为 38 A。 ( )

3. 在负载对称的三相交流电路中，中线上的电流为零。 ( )

4. 三相对称负载作三角形联结时，线电流的有效值是相电流有效值的$\sqrt{3}$倍，且相位比相应的相电流滞后 30°。 ( )

5. 三相电动机每个绕组的额定电压是 220 V，若三相电源的线电压是 380 V，则这台电动机的绕组应接成三角形。 ( )

6. 三相负载越接近对称，中线电流就越小。 ( )

7. 在三相负载不对称的低压供电系统中，中线上必须安装熔断器作短路保护。 ( )

8. 三相对称负载不论是接成星形还是三角形，其视在功率都是有功功率和无功功率之和。 ( )

9. 实际中较大功率的三相电动机大多采用三角形联结。 ( )

三、选择题

1. 三相交流电源作星形联结，三相负载对称，则（ ）。

A. 三相负载作三角形联结时，每相负载的电压等于电源线电压

B. 三相负载作三角形联结时，每相负载的电流等于电源线电流

C. 三相负载作星形联结时，每相负载的电压等于电源线电压

D. 三相负载作星形联结时，每相负载的电流等于线电流的$\frac{1}{\sqrt{3}}$

2. 如图 3-13 所示，三相交流电源的线电压为 380 V，$R_1=R_2=R_3=10\ \Omega$，则电压表和电流表的读数分别为（ ）。

A. 220 V、22 A　B. 380 V、38 A　C. 380 V、$38\sqrt{3}$ A　D. 220 V、$38\sqrt{3}$ A

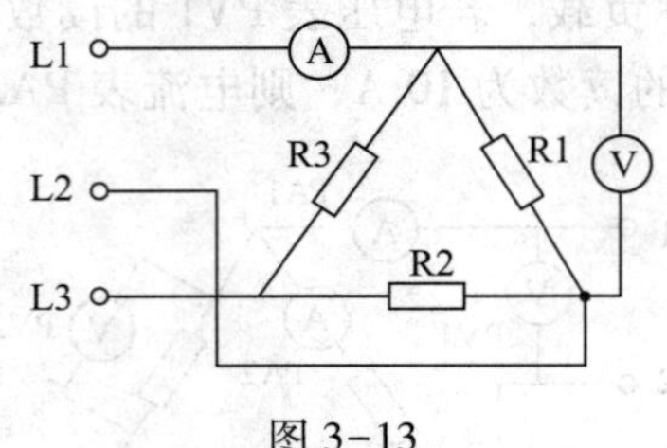

图 3-13

3. 三相负载作星形联结时，负载两端的电压称为负载的（　　）。

A. 线电压　　B. 相电压　　C. 额定电压　　D. 最大电压

4. 当三相负载的额定电压等于电源线电压的（　　）时，三相负载应作星形联结。

A. $\sqrt{3}$倍　　B. $1/\sqrt{3}$　　C. $\sqrt{2}$倍　　D. $1/\sqrt{2}$

5. 同一三相对称负载在同一电源中，作三角形联结时三相电路的相电流、线电流、有功功率分别是星形联结时的（　　）倍。

A. $\sqrt{3}$、$\sqrt{3}$、$\sqrt{3}$　　B. $\sqrt{3}$、$\sqrt{3}$、3　　C. $\sqrt{3}$、3、$\sqrt{3}$　　D. $\sqrt{3}$、3、3

四、简答题

指出图 3-14 中各负载的连接方式。

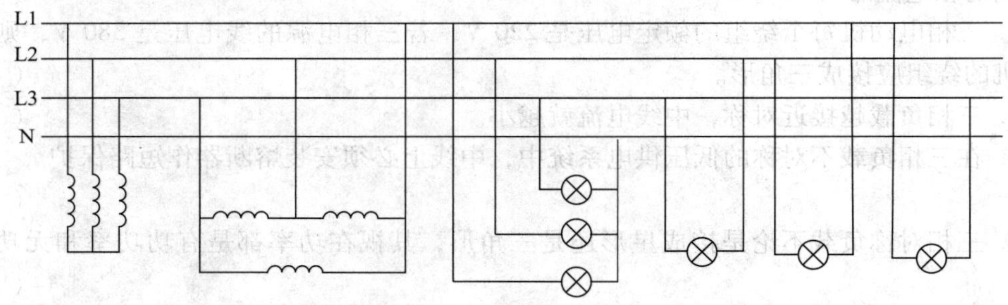

图 3-14

五、计算题

1. 工业用电炉常通过改变电阻丝的接法来控制功率大小，从而达到调节炉内温度的目的。有一台三相电炉，每相电阻为 $R=5.78\ \Omega$，求：

（1）在 380 V 线电压下，分别接成三角形和星形时从电网取用的功率是多少？

（2）在 220 V 线电压下，接成三角形时消耗的功率是多少？

2. 三相对称负载作三角形联结，其各相电阻 $R=8\ \Omega$，感抗 $X_L=6\ \Omega$，将它们接到线电压为 380 V 的三相对称电源上，求相电流、线电流及负载的总有功功率。

3. 在线电压为 220 V 的三相对称电路中，每相接“220 V/60 W”的灯泡 20 盏。灯泡应接成星形还是三角形？画出连接电路图并求各相电流和各线电流。

六、仿真实验题

某三相四线制电路的线电压为 380 V，电路中装有星形联结的电灯，其中 U 相接有 30 盏，V 相接有 20 盏，W 相接有 10 盏，每盏电灯的额定电压均为 220 V，功率均为 40 W。若中线因故障断开，请使用 EWB 软件对各相电压和相电流进行仿真分析。

任务3　验证提高功率因数的方法

一、填空题

1. 在电阻和电感串联的电路中，既有能量的________，又有能量的________；既有________功率，又有________功率。

2. 纯电阻负载的功率因数等于________，感性负载的功率因数介于________之间。

3. 提高功率因数是必要的，其意义在于__________________________和____________________________。

4. 要提高自然功率因数，就必须合理选择电动机，使电动机的____________与被拖动的机械负载相________。

5. 在感性负载两端并联__________________，也能达到提高功率因数的目的。

6. 在电源电压一定的情况下，对于相同功率的负载，功率因数越低，电流越________，供电线路上的电压降和功率损耗也越________。

7. 电力电容器并联补偿有________和________两种方式。

二、选择题

1. 实际生产中使用的电气设备大多属于（　　）负载。

A. 阻性　　B. 感性　　C. 容性　　D. 线性

2. 空载电动机的功率因数约等于（　　）。

A. 1　　B. 0.8　　C. 0.5　　D. 0.2

3. 为提高感性负载的功率因数，可在感性负载两端（　　）电容器。

A. 并联一个大容量的　　B. 并联一个适当容量的

C. 串联一个大容量的　　D. 串联一个适当容量的

三、简答题

1. 生产应用中，为什么要提高功率因数？

2. 常用的提高功率因数的措施有哪些？

四、计算题

1. 已知某发电机的额定电压为 220 V，视在功率为 440 kV · A。

（1）用该发电机向额定电压为 220 V，有功功率为 4.4 kW，功率因数为 0.5 的用电器供电，最多能接多少个用电器？

（2）若把功率因数提高到 1，又能接多少个用电器？

2. 某工厂供电变压器至发电厂间的输电线的电阻为 5 Ω，发电厂以 10 kV 的电压输送 500 kW 的功率。当功率因数为 0.6 时，输电线的功率损耗是多大？若将功率因数提高到 0.9，每年能节约多少电能？（每年按 365 天计算）

课题五　周期性非正弦交流电

任务1　认识非正弦交流电

一、填空题

1. 一个周期性非正弦交流电，只要满足一定的条件，就可以分解为一组________的正弦交流电之________，它们的频率都是周期性非正弦交流电频率的________倍。

2. 两个同频率的正弦交流电相加后，其和____________，并且频率______。

3. 任何一个周期性非正弦交流电都可以分解成许多不同________的正弦分量，分解后的____________可以用数学函数式表达出来，称为____________。

4. 把非正弦波的每一个正弦分量称为它的一个__________，简称________。与非正弦波频率相同的谐波称为________或____________，以后各项称为________谐波。

5. 谐波分量表达式中都含有________项，并且频率越高的项最大值越________。一般情况下只取前__________项即可，而把后面的更高次谐波__________。

二、判断题

1. 两个同频率的正弦量之和还是一个正弦量，只是频率变高了。（　　）

2. 任何一个周期性非正弦波，都能分解为不同频率的正弦分量。（　　）

3. 两个不同频率的正弦交流电相加后，其波形仍然是正弦波。（　　）

4. 非正弦波的每一个正弦分量称为谐波。（　　）

5. 一个周期性非正弦交流电可以分解成一系列频率相同的谐波分量。（　　）

三、简答题

周期性非正弦交流电产生的原因有哪些？

任务2 认识滤波器

一、填空题

1. 利用电感和电容的电抗随________变化的特性，用________和________组成不同的电路，并把它接在________与________之间，让某些需要的频率信号________，而________某些不需要的频率信号，电路的这种功能称为________，实现这种功能的电路称为__________。

2. 能通过滤波器的频率范围称为__________，简称________。被滤波器抑制的频率范围称为__________，简称________。

3. 根据能通过滤波器的频率范围，滤波器可分为________滤波器、________滤波器、________滤波器和________滤波器。

4. 带通滤波器的作用是让________的谐波分量顺利通过，而阻止频带________的频率通过。它的工作原理是基于________________来实现的。

二、判断题

1. 串联谐振时谐振阻抗最小，接近于零。 ( )
2. 低通滤波器的通带范围是从截止频率到无穷大。 ( )
3. 带阻滤波器的作用是阻止一定频带信号通过，而允许频带以外的信号通过。 ( )
4. 带阻滤波器的阻带在两个截止频率之间。 ( )

三、选择题

1. 电源滤波器通常采用的是（ ）滤波器。

A. 低通　　B. 高通
C. 带通　　D. 带阻

2. 高通滤波器的通带范围是（ ）。

A. 从零到无穷大　　B. 从零到截止频率
C. 无穷大　　D. 从截止频率到无穷大

3. 达到并联谐振时，电路阻抗（ ）。

A. 为零　　B. 为某一定值
C. 最小　　D. 最大，接近于无穷大

4. 带通滤波器的频率范围是（ ）。

A. 从零到无穷大　　B. 从零到截止频率
C. 两个截止频率之间　　D. 从截止频率到无穷大

四、简答题

1. 图 3-15 所示为两种 π 形滤波器，请指出哪一种是高通滤波器，哪一种是低通滤波器，并简述其工作原理。

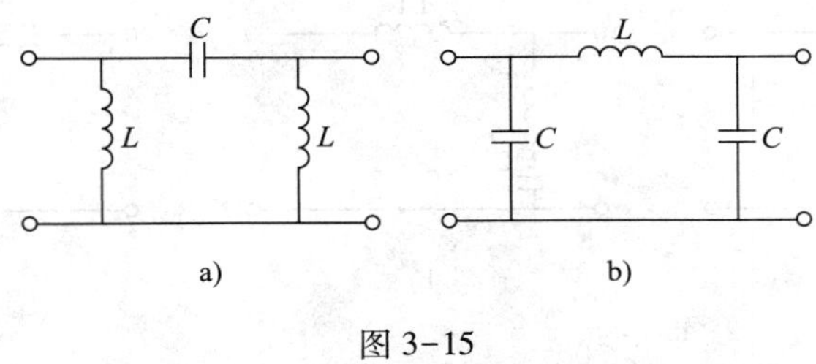

图 3-15

2. 图 3-16 所示为一种常见的 RC π 形滤波器，它用一只电阻 R 代替了电感 L，既降低了成本，又减轻了质量。它与 LC π 形滤波器相比，谁的滤波效果更好？它们的优缺点各是什么？

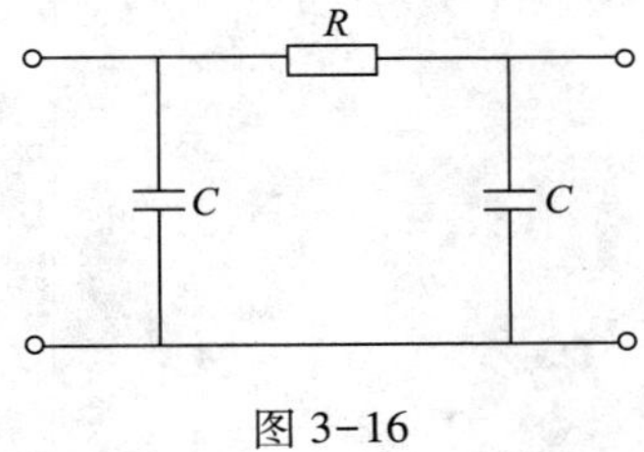

图 3-16

3. 图 3-17 所示为 6 种形式的滤波器，请指出它们分别为哪种滤波器，并简述其滤波原理。

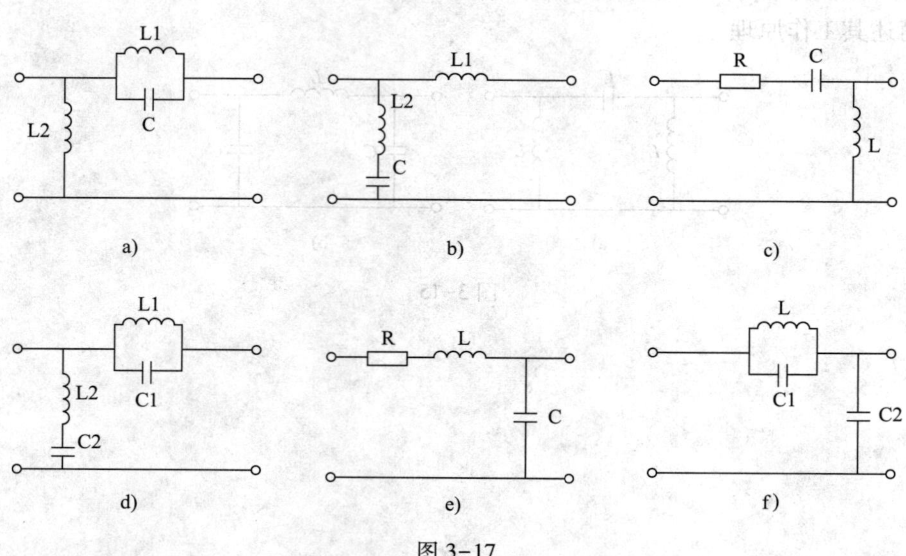

图 3-17